U0576367

著者简介

堀桂太郎

毕业于日本大学研究生院理工学研究科信息科学专业，获工学博士学位。现任日本国立明石工业高等专门学校名誉教授、神户女子短期大学综合生活学科教授。

著有《图解 数字电路教室》《图解 模拟电子电路教室》《图解 PIC微控制器实践——从零开始学电子控制（第2版）》《图解 计算机架构入门（第3版）》《图解 逻辑电路入门》《运算放大器基础精通》《例学Python编程入门》。

64讲

从电子元件到电子产品的硬件科技解密

秒懂电子电路

〔日〕堀桂太郎　著
吴韶波　译

科学出版社
北京

图字：01-2025-0868号

内 容 简 介

电子电路广泛应用于智能手机、家用电器、计算机、通信设备等方面。本书旨在帮助初学者理解电子电路的基础知识，逐步掌握模拟电路和数字电路的工作原理及其在日常生活中的应用。

全书共分为6章，内容涵盖电子电路的基本概念、电学基础知识、电子元件的功能与特性、模拟电路的工作原理、数字电路的基本逻辑运算，以及电子电路在现代生活中的实际应用。借助大量插图和实例，详细讲解了电子电路的基本原理和实际应用，如智能手机中的多种传感器、降噪耳机的工作原理、扫地机器人的传感器系统、CD和DVD的数据存储技术等。

本书适合对电子电路技术感兴趣的初学者，可用于青少年科普和科学教育。

图书在版编目（CIP）数据

秒懂电子电路 / (日) 堀桂太郎著 ; 吴韶波译. 北京 : 科学出版社, 2025. 4. -- ISBN 978-7-03-081734-1

Ⅰ. TN7-49

中国国家版本馆CIP数据核字第20257B2R51号

责任编辑：喻永光　杨　凯 / 责任制作：周　密　魏　谨
责任印制：肖　兴 / 封面设计：武　帅

科学出版社 出版
北京东黄城根北街16号
邮政编码：100717
http://www.sciencep.com

北京中科印刷有限公司印刷

科学出版社发行　各地新华书店经销

*

2025年4月第　一　版　开本：880 × 1230　1/32
2025年4月第一次印刷　印张：7
字数：175 000

定价：58.00元

（如有印装质量问题，我社负责调换）

前　言

在当今信息化时代，计算机已成为大多数人生活中不可或缺的设备。计算机的核心由电子电路构成。不仅如此，电视机、电冰箱、电饭煲、扫地机器人等家电产品，以及我们随身携带的数字手表和智能手表，均内置了电子电路。可以说，电子电路技术是支撑现代生活的重要基石。

电子电路大致可分为模拟电路和数字电路。过去，模拟电路占据主导地位。例如，电视机和电冰箱主要由模拟电路构成。记录音乐的媒介，如唱片和盒式录音带，也主要采用模拟方式。然而，随着数字技术的飞速发展，许多产品中的模拟电路逐渐被数字电路取代。记录音乐的介质也转变为 CD 和闪存等数字形式。我们正处在一个数字电路的时代。

那么，模拟电路是否已经过时了呢？并非如此。例如，人类在感知温度和声音的过程中，许多信号处理仍然采用模拟方式进行。自然界中的许多现象也需要以模拟方式来捕捉。因此，无论计算机等数字电路如何日益高速发展，模拟电路仍然是不可或缺的。

这是一本关于电子电路的入门书籍，旨在以简单易懂的方式介绍模拟电路和数字电路的基础知识。在讲解电气基础知识和电子电路元件的使用之后，本书将阐述模拟电路和数字电路的工作原理。此外，书中还选取了一些日常生活中使用电子电路的产品进行介绍，以增加读者的学习兴趣。全书尽量避免使用复杂的数学公式，而是通过大量插图帮助读者轻松理解电子电路基础的重要概念。

此外，对于那些曾经觉得电子电路“很难”的你，笔者期望本书能帮助你“秒懂电子电路”！衷心希望本书能被众多想要学习电子电路基础知识的读者所接受。

最后，衷心感谢出版社的各位在本书的编辑和出版过程中提供的宝贵建议。

说 明

从中国的实际情况出发，译者对本书部分内容进行了适应性调整。

目　录

第1章　身边的电子电路无处不在

第2章　电子电路基础知识

第3章 电子电路元件大揭秘

第4章 探索模拟电路

第5章 探索数字电路

第 6 章 电子电路在生活中的应用

第1章 身边的电子电路无处不在

第1讲 电子电路到底是什么？

电子电路实例 /// ☑被动元件 ☑主动元件 ☑模拟电路 ☑数字电路

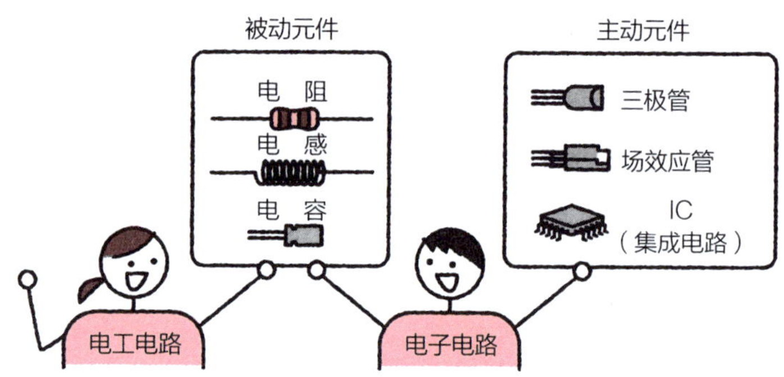

电工电路和电子电路

电气产品中使用的元件种类繁多。其中，电阻、电感和电容等被归类为**被动元件（无源元件）**，它们在通电时会产生某种作用，但不具备放大电信号的功能。另一方面，三极管、场效应管、集成电路（IC）等被归类为**主动元件（有源元件）**，它们能够放大电信号。由此，本书将电路分为**电工电路**和**电子电路**。

- **电工电路**：由被动元件构成的电路。

  产品示例：电热水器、风扇（非电子控制产品）。

- **电子电路**：由被动元件和主动元件构成的电路。

  产品示例：智能手机、电视机、计算机。

模拟电路和数字电路

本书主要讨论使用被动元件和主动元件的电子电路。电子电路又可进一步分为**模拟电路**和**数字电路**。

◆ 电子电路

- **模拟电路**：处理模拟信号的电路。
- **数字电路**：处理数字信号的电路。

模拟信号是连续变化的电信号。例如，我们的声音就是模拟信号。数字信号是离散状态的电信号，通常只有 0 和 1 两种值。例如，计算机内部的数据处理就是基于数字信号进行的。

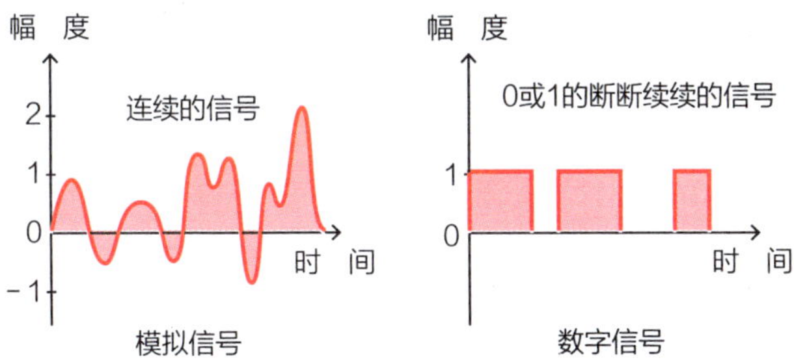

▲ 模拟信号和数字信号

提到**电子电路**，有时可能仅指模拟电路。本书将尽量通俗易懂地讲解模拟电路（第 4 章）和数字电路（第 5 章和第 6 章）。电工电路在第 2 章讨论，被动元件和主动元件则会在第 3 章详细介绍。

第2讲 智能手机里好多“聪明”的元件

电子电路实例 /// ☑电子设备 ☑相机 ☑智能手机

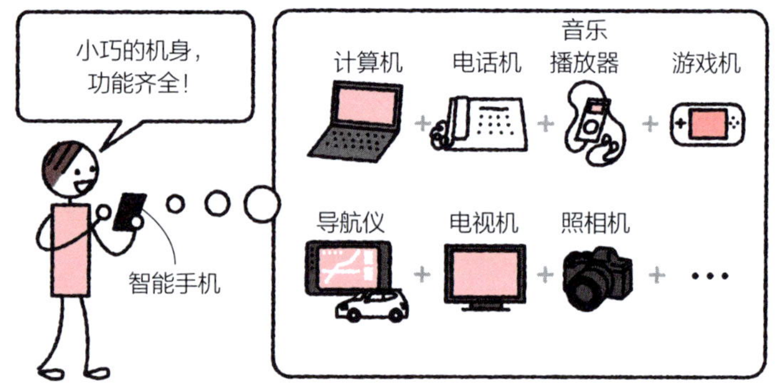

搭载了多种功能

智能手机（smartphone），常被简称为“**手机**”，已成为我们日常生活中不可或缺的**电子设备**。“smart”在英语中意为“聪明”。智能手机正如其名，搭载了多种功能，能够通过简单操作完成许多复杂任务。

- **数据处理**：以 CPU（中央处理器）为核心的计算功能。
- **内存**：存储应用软件、照片、视频、音乐等数据的集成电路（IC）。
- **通信**：电话、无线网络通信（如 Wi-Fi、5G 模块）、全球定位系统（GPS）通信、蓝牙和 NFC 等。

- **传感器**：指纹识别传感器、面部识别用高分辨率摄像头、加速度计、陀螺仪、环境光传感器等。

- **显示屏**：高分辨率触控屏幕，正从液晶屏向高画质、低功耗的有机发光二极管（OLED）显示屏过渡。

- **电池**：通常使用锂离子（Li-ion）电池，以保障长时间运行。

此外，智能手机还拥有麦克风、扬声器、振动电机等多种辅助组件。可以说，智能手机是一种将高性能计算、通信功能和多种传感技术融为一体的电子设备。

一部智能手机配多个摄像头

近年来，智能手机逐渐开始配备多个**摄像头**，如常见配置包括前置 2 个摄像头和后置 4 个摄像头，共计 6 个摄像头。

▲ 智能手机的摄像头

摄像头数量的增加带来了更加丰富的拍摄功能。例如，多摄像头布局使传感器面积变大，能够捕捉更多的光线，即使在较暗环境下也能拍摄出清晰的影像；长焦镜头、广角镜头和深度感知摄像头协同工作，不仅能够准确测量拍摄对象与摄像头之间的距离，还能实现模糊背景（景深效果）等图像处理功能。

解析卫星信号的 GPS

绝大多数智能手机都配备了**GPS 接收器**。通过解析围绕地球运行的 GPS 卫星发射的信号，实现对手机当前位置的精准测定。

下图为单颗 GPS 卫星的工作原理：通过接收卫星信号，智能手机计算出与该卫星之间的距离 D。于是，手机的位置即位于以该卫星为中心，半径为 D 的球面上。

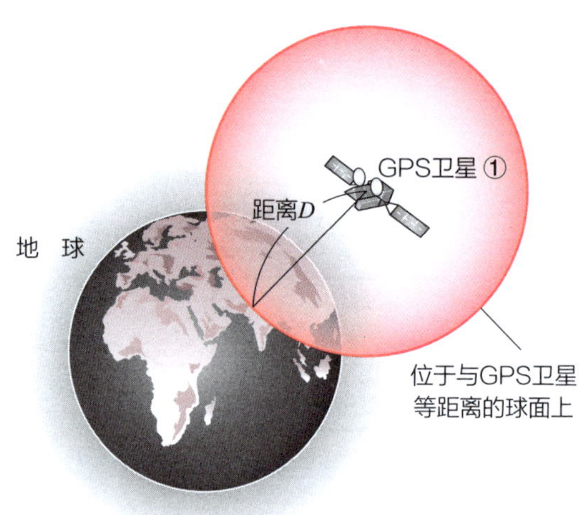

▲ 单颗 GPS 卫星

当使用 2 颗 GPS 卫星时，智能手机与两颗卫星等距离的位置在 2 个球面相交的圆周上。然而，无法确定智能手机在圆周上的具体位置。当使用 3 颗 GPS 卫星时，智能手机与 3 颗卫星等距离的位置是 3 个球面相交的 2 个点。其中，靠近地表的那个点就是智能手机的位置。

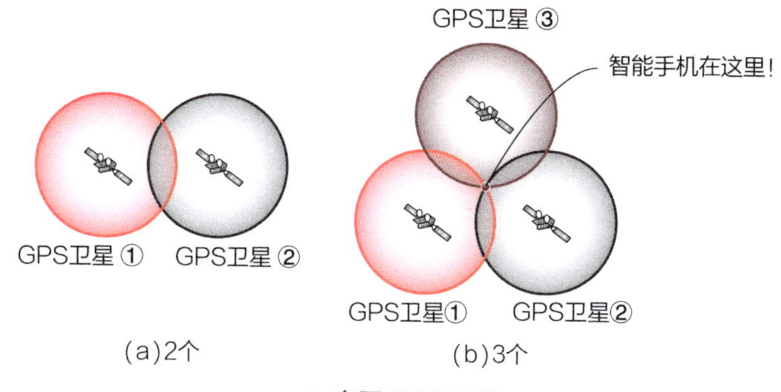

▲ 多颗 GPS 卫星

为进一步纠正位置误差并获得更高的定位精度，通常需要接收 4 颗甚至更多卫星的信号。当前，围绕地球的 6 条轨道上运行着约 30 颗 GPS 卫星，以确保全球范围内的用户都能够接收到稳定信号。

在定位完成后，位置信息会被智能手机系统叠加到数字地图上，用于导航、定位和其他地理信息应用，为用户提供便利。

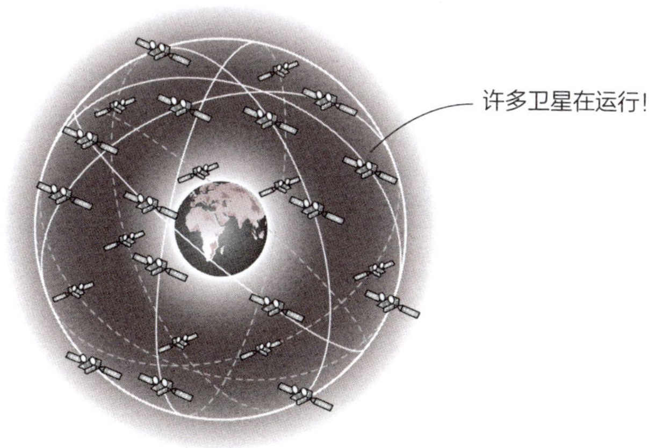

▲ GPS 卫星

第3讲 轻松消除噪声的降噪耳机

电子电路实例 /// ☑波形 ☑反相位 ☑电池

耳机的进化

传统耳机的结构相对简单，其主要功能是通过内置的扬声器播放声音。这类耳机不具备复杂的电子电路，通常也不需要单独的电源支持（无线耳机除外）。

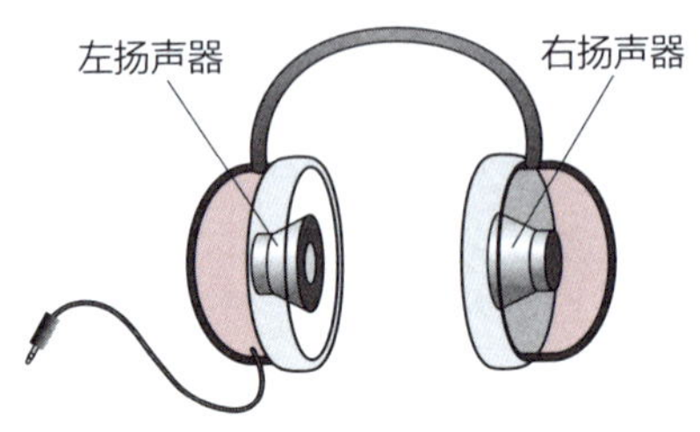

▲ 传统耳机的结构

降噪功能的原理

近年来，配备**降噪**功能的耳机与耳塞产品日益普及。降噪（noise cancelling）是通过特定技术降低或消除外界环境噪声的过程。例如，当你佩戴降噪耳机听音乐时，可以有效屏蔽火车、汽车或施工现场的噪声，使你专注于音乐本身。

声音信号是一种随时间变化的波形。假设噪声的波形如下。

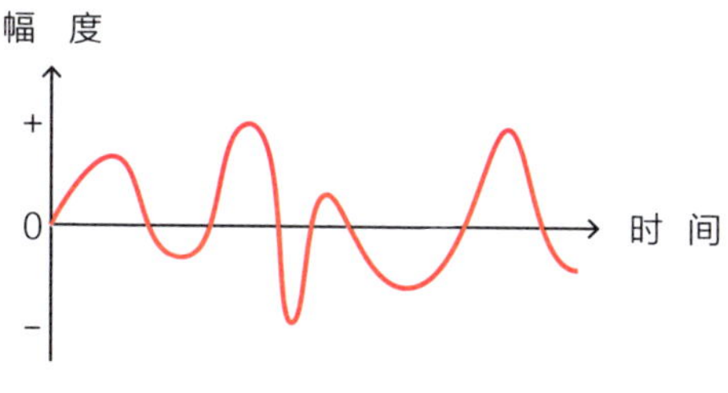

▲ 噪声波形示例

现在，我们来看一种特殊的波形——它与之前的噪声波形在同一时刻的幅度相等但相位相反。

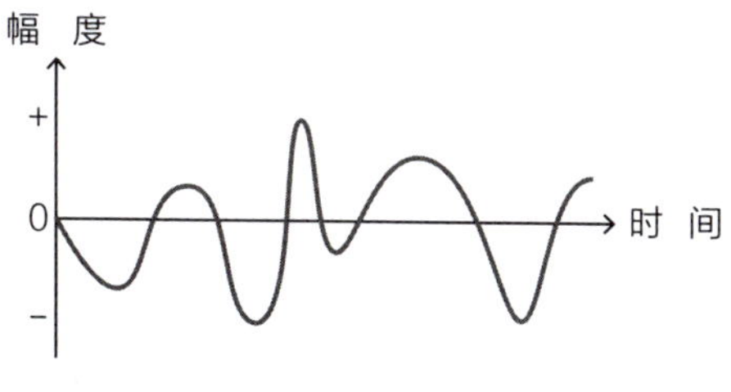

▲ 噪声的反相波形

这种幅度相等但相位相反的波形被称为**反相**波形。

叠加两个波形

那么，将这两个波形叠加起来会发生什么呢?

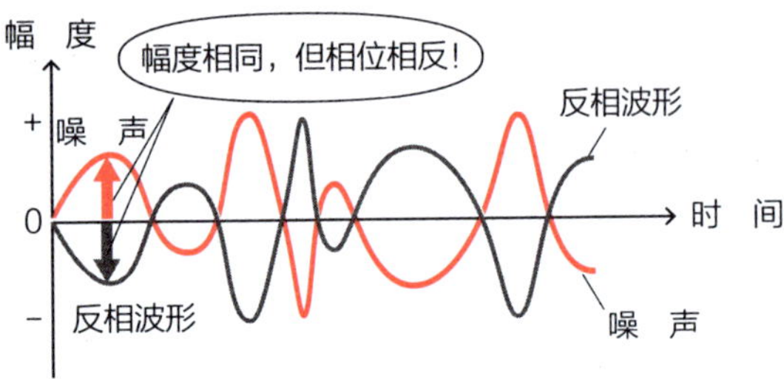

▲ 叠加两个波形

在同一时刻，两个波形的幅度相等而相位相反，叠加后它们会相互抵消为零。

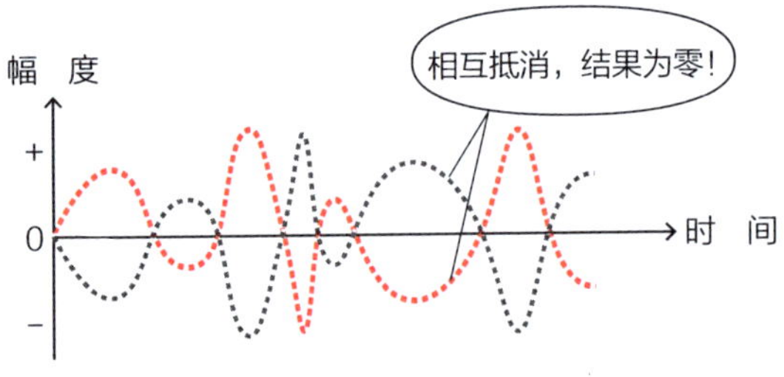

▲ 相抵为零

这表明，如果我们能够人工产生一个与噪声信号幅度相同但相位相反的信号，并通过耳机播放出来，这两个信号就会叠加并相互抵消，噪音也随之消失。这就是降噪的原理。

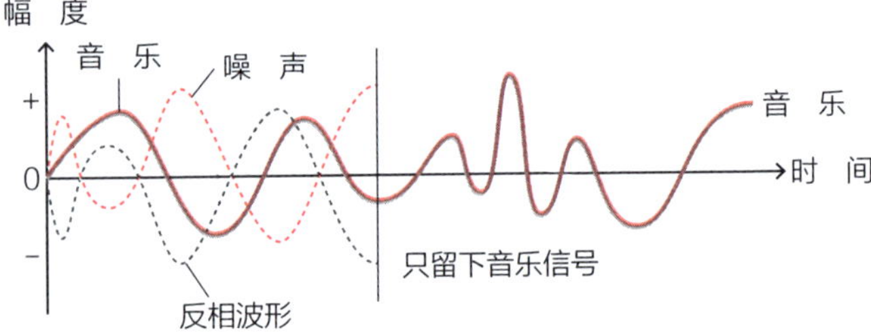

▲ 只留下想听的声音

降噪功能的实现

降噪耳机借助麦克风捕捉环境噪声的音频信号，通过高速数字信号处理（DSP）实时生成与噪声信号幅度相同但相位相反的信号，再由扬声器播放出来，与噪声相互抵消。

由于需要进行复杂的信号处理，降噪耳机需要电源支持——无论是有线款还是无线款。

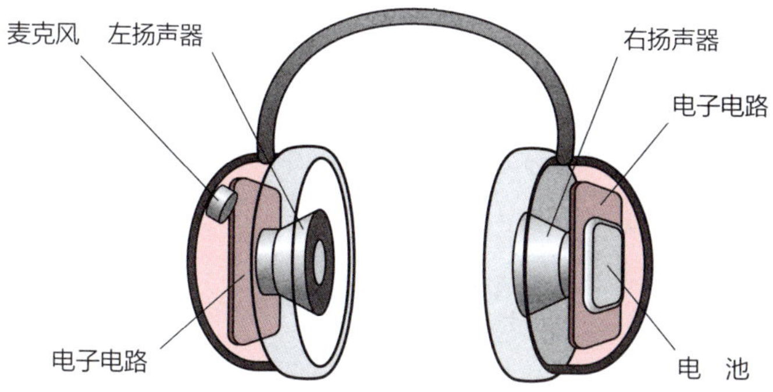

▲ 降噪耳机的结构示例

特别需要指出的是，降噪耳机并不会完全消除所有声音。例如，为了安全考虑，耳机设计通常会保留警报声或人声等重要信号，以保证用户能够及时获知环境中的关键提示。

降噪原理早已为人所熟知，但得益于高速数字信号处理技术的进步，这项技术才得以真正应用于耳机。此外，降噪技术的应用场景并不局限于耳机。例如，在汽车驾驶舱中，这项技术已被广泛用来降低发动机噪声，提供更安静的车内环境。

第4讲 装满了传感器的扫地机器人

电子电路实例 /// ☑红外线 ☑激光 ☑超声波

检测障碍物的传感器

能够自动清扫房间的家用**扫地机器人**，由以微控制器为核心的各种电子电路和多个传感器组成。

微控制器依据传感器采集的信息了解地面落差、墙壁特征，并通过控制电机使机器人在避开障碍物的同时完成清洁任务。以下是用于检测障碍物的几种主要传感器。

- **红外传感器**：通过红外线检测与墙壁的距离，使机器人沿墙壁行进，从而清扫到边角区域。
- **激光传感器**：通过旋转发射激光束，检测近 10m 范围内的障碍物，全方位扫描周围环境（覆盖 360°）。
- **超声波传感器**：通过分析发射与接收超声波的反射情况，识别透明或光滑的障碍物，如玻璃或塑料。

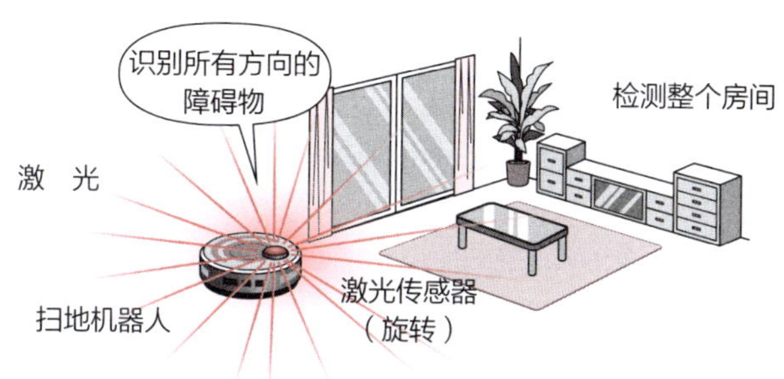

▲ 激光传感器

检测地面垃圾的传感器

为了检测地面上的垃圾，扫地机器人还配备了以下类型的传感器。

- **高速红外传感器**：探测到肉眼不可见的细微灰尘，如直径仅约 20μm 的颗粒物。

一些扫地机器人具备定时功能，用户可以指定清扫时间，如在夜间自动启动清洁任务。当电量不足时，机器人会自行返回充电底座进行充电。部分扫地机器人支持智能手机操作，用户可以通过手机进行远程控制。某些机型还支持语音指令，响应用户的语音操控需求。

▲ 支持语音指令的扫地机器人

专栏 1　通过电子电路校准时间的电波钟

如今，能够接收电波并自动校准时间的**电波钟**已普及，且价格实惠。不局限于座钟，许多小型腕表也广泛采用了电波钟技术，将高精度与便携性相结合。

电波钟通过接收一种被称为**标准电波**的信号来校准时间。标准电波内嵌了数字信息——**时间码**。这一时间码以 60s 为周期重复发送，内容包括分钟、小时、从 1 月 1 日开始的累计天数、年份、星期，以及特殊的闰秒等数据。

闰秒的作用在于调整地球自转引起的世界时与标准时间之间的误差，从而实现高精度的时间校准。电波钟内置的**电子电路**能够对接收到的时间码进行解码，并完成时间的自动调整，使设备时刻保持准确。

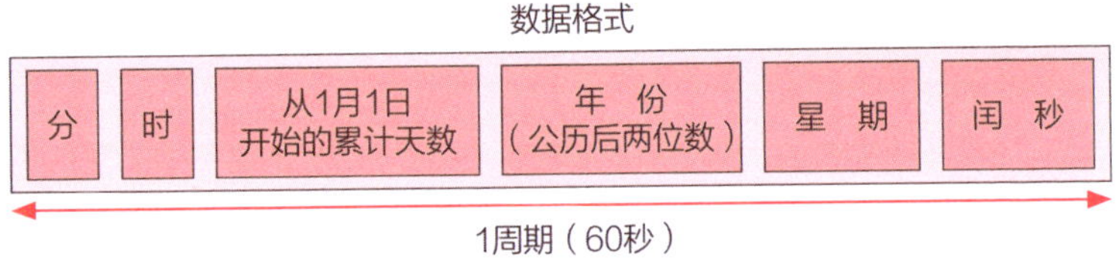

▲ 时间码包含的主要数据

中国拥有多个标准电波发射站，分别位于陕西省蒲城县、河南省商丘市、新疆乌鲁木齐市、黑龙江省哈尔滨市和广东省广州市，由中国科学院国家授时中心（NTSC）运营，频率 68.5kHz，发射功率为 90kW。这一网络为中国大陆广大地区的电波钟、电波表及其他精密时间设备提供可靠的校时服务。

※ 根据国际计量大会的决议（2022 年 11 月），闰秒将在 2035 年之前被实质性地废除。

第2章 电子电路基础知识

第5讲 交流电与直流电：性质和用途不同

电学基础知识 /// ☑发电厂 ☑变压器 ☑整流

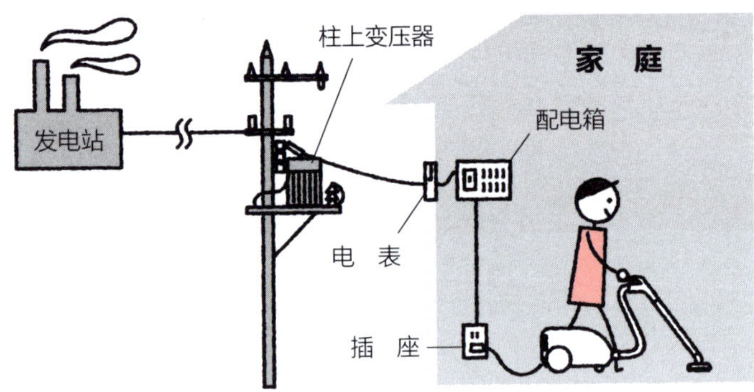

电压的转换

我们日常使用的电力可以通过家庭电源插座轻松获取，而这背后则离不开复杂的电力传输网络。为降低传输损耗，**发电站**产生的几十万伏（V）高电压，在输送至用户端的过程中要经过多个**变电站**逐步降压。

大型工厂接收的电压通常在 22kV 以上，而家庭用电的电压则是 220V（如中国）、110V（如日本或美国）。城镇中常见的**柱上变压器**，其作用就是将 6600V 的电压进一步降至适合家庭使用的 220V 或 110V。

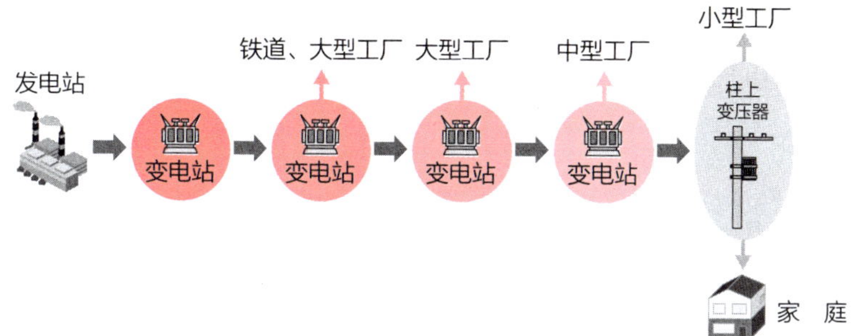

▲ 从发电站到家庭的电力输送

▲ 柱上变压器

根据性质，电力可以分为**交流电**和**直流电**。

- **交流电**：电压大小和极性（+、-）随时间变化。
- **直流电**：电压大小和极性（+、-）保持恒定。

交流电的性质

从发电站输出的是**交流电（alternating current，AC）**，家庭电源插座提供的也是交流电。交流电的最大特点是其电压随时间变化，时而增大，时而减小。在电压波动过程中，当正负极性交替变化时，电压在某些瞬间会变为 0V。以中国为例，家用交流电的电压有效值为 220V，但实际上电压瞬时值会在 0 ~ ±311V 变化，同时**极性**频繁反转。

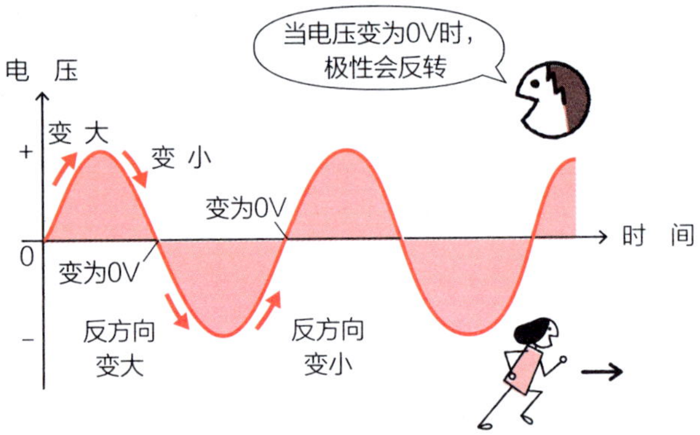

▲ 交流电的波形示例

直流电的性质

与交流电不同，**直流电（direct current，DC）**的电压和极性始终保持恒定。例如，干电池、纽扣电池和汽车蓄电池提供的都是直流电。无论时间如何推移，直流电的电压始终不变。

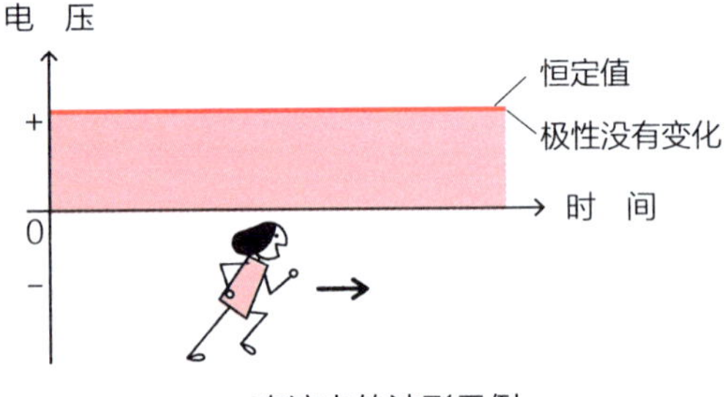

▲ 直流电的波形示例

普通干电池的电压为 1.5V，凸起的一端始终是正极（+），平坦的一端始终是负极（–）。

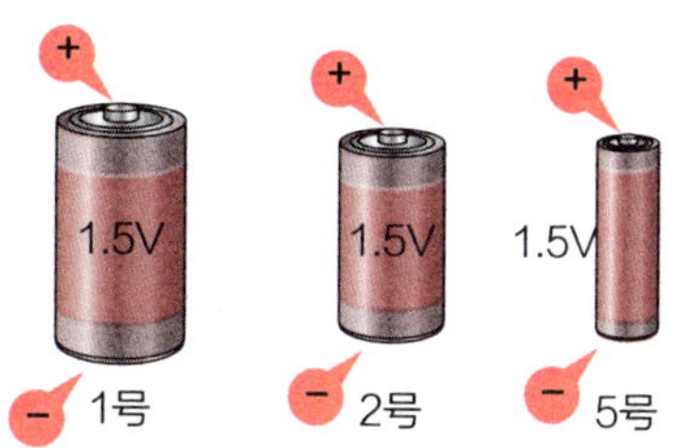

▲ 干电池的外观示例

将交流电转换为直流电

吸尘器、电风扇和电熨斗等产品都使用交流电，而电视机、计算机和智能手机等电子产品需要直流电才能工作。因此，当我们用家庭电源插座（交流电）为使用直流电的产品（如智能手机）充电时，就需要一个将交流电转换为直流电的装置。将交流电转换为直流电的过程被称为**整流**。**AC 适配器**（交流适配器）是常见的整流装置之一。它不仅能将交流电转换为直流电，还能将电压调节至适合设备的水平，如从 110V 或 220V 降至 5V，为智能手机等设备供电。

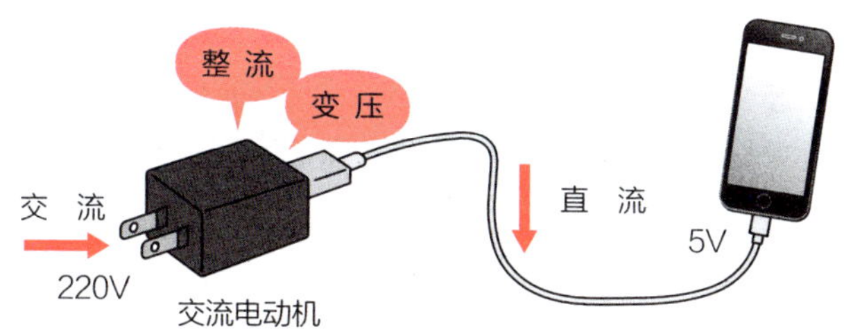

▲ AC 适配器的作用

第6讲 通过波形理解交流电的频率

电学基础知识 /// ☑周期 ☑频率 ☑瞬时电压

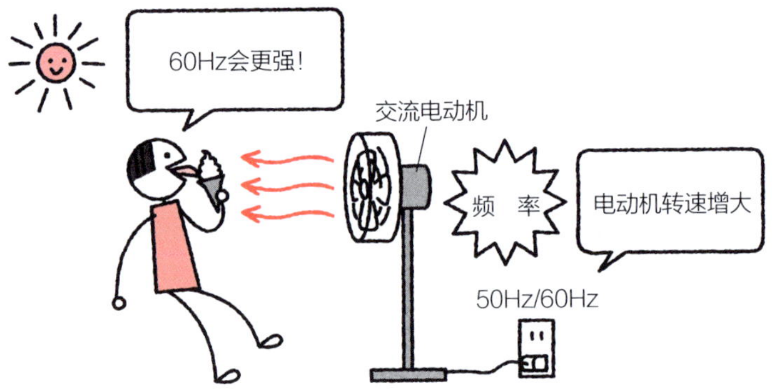

交流电的周期与频率

前一节介绍了交流电的电压大小和极性（+、-）随时间发生变化的情况。家庭电源插座提供的交流电呈现出重复的基本波形。由于这种波形类似于**正弦波（sin）**，因此称之为**正弦波交流电**。一个完整波形所经历的时间（横轴）称为**周期（T）**，单位为秒（s）。

周期 T 的倒数被定义为**频率 f**，单位是赫兹（Hz）。频率 f 表示基本波形在 1s 内重复的次数。如果基本波形在 1s 内重复 4 次，则频率为 4Hz。

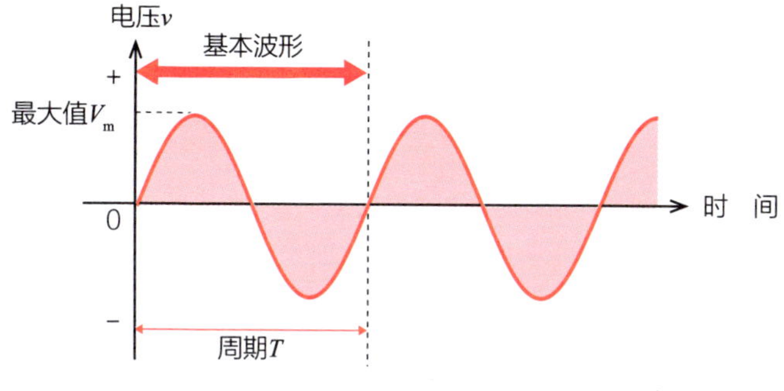

▲ 正弦波交流电

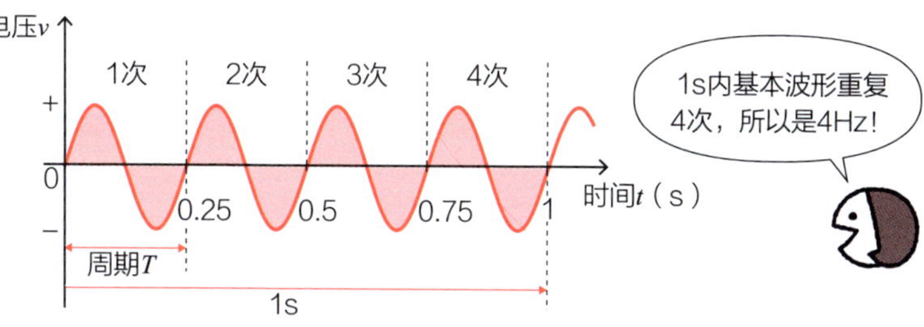

▲ 周期和频率

频率 f 可以用以下式表示：

$$f=\frac{1}{T}(\mathrm{Hz})$$

以上图中正弦波交流电为例，周期 $T=0.25\mathrm{s}$，有

$$f=\frac{1}{T}=\frac{1}{0.25}=4(\mathrm{Hz})$$

变形后可以得到周期的公式：

$$T=\frac{1}{f}(\mathrm{s})$$

也就是说，周期与频率互为倒数。

- **周期**：一个完整波形所经历的时间，符号为 T，单位为秒（s）。
- **频率**：1s 内基本波形重复的次数，符号为 f，单位为赫兹（Hz）。

直流电的电压大小和极性（+、-）均保持恒定，因此不存在频率这个概念。

交流电的电压

正弦波交流电的电压大小随时间变化，某一时刻 t 的电压值 v 被称为**瞬时电压**，可用下式表示：

$$v = V_m \sin\omega t \text{（V）}$$

其中，V_m 是电压**最大值**；ω 是**角频率**或**角速度**，可用下式表示：

$$\omega = 2\pi f \text{（rad/s）}$$

ω 的单位是弧度 / 秒（rad/s）。

尽管涉及多个公式，但别担心！，接下来我们重点关注家庭电源插座的交流电频率。

不同地域的频率差异

不同国家和地区的家庭电源插座提供的交流电频率存在差异，通常为 50Hz 或 60Hz，这主要源于历史和技术选择。例如，中国采用 50Hz 受欧美国家早期影响；而美国采用 60Hz，则与托马斯 · 爱迪生和尼古拉 · 特斯拉的影响有关。欧洲大多数国家选择 50Hz，是因为 19 世纪末德国电力系统的广泛应用促成了各国在电力互联时统一频率。

在日本，东部地区（如东京）使用 50Hz，而西部地区（如大阪）使用 60Hz。在部分交界地区，这两种频率可能并存。这一现象源于明治时代日本进口外国发电机的历史：东日本进口了德国制造的发电机，西日本则依赖美国设备，因而导致频率差异。虽然日本曾考虑统一频率，但由于许多电器在频率变化后无法正常工作，至今仍未实现统一。

▲ 50Hz 和 60Hz

◆ 电子产品与频率的关系（示例）

① 频率变化后仍能正常使用的产品：如电热水壶、烤面包机、电视机、计算机等。

② 频率变化后无法正常工作的产品：如洗衣机、烘干机、微波炉、计时器等。

③ 频率变化会影响性能的产品：如电风扇、吹风机、吸尘器、榨汁机等。

需要注意的是，上述示例不代表所有设备均受频率影响。例如，一些电子产品内部设有**电源适配器或开关电源**，可以将交流电转换为直流电，因此通常不受频率变化的影响。搬迁至频率不同的地区时，请务必确认所用电器的规格和适用范围。

第7讲 自由电子移动产生电流和电压

电学基础知识 /// ☑电子 ☑电流方向 ☑符号

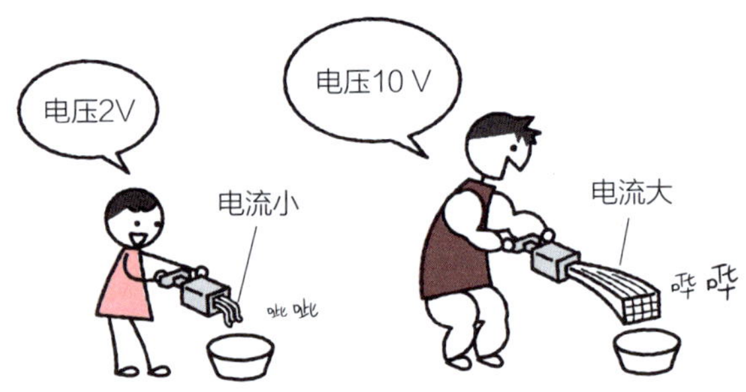

电子迁移与电流的关系

当我们将小灯泡连接到电池上时，导线中的**自由电子**会从电池的负极流向正极，经过小灯泡时使其发光。自由电子是**原子**中易于移动的**电子**，其流动使小灯泡点亮。需要注意的是，虽然自由电子沿负极到正极的方向运动，但我们定义**电流**的方向为正电荷流动的方向，即从电池的正极流向负极。

- **自由电子**：从电池的负极（－）流向正极（＋）。
- **电流**：从电池的正极（＋）流向负极（－）。

这一定义虽与自由电子的实际运动方向相反，但沿用这一约定可避免混淆，并便于交流电等现象的统一描述。

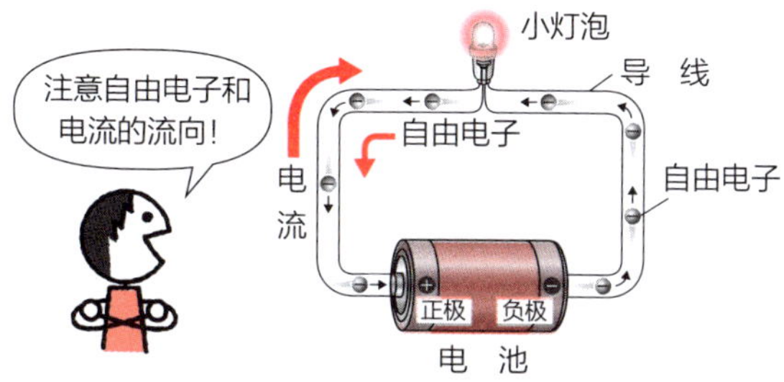

▲ 自由电子和电流的方向

形成电流的力——电压

形成电流的力被称为**电压**。电流和电压的关系可以用水压和水流来类比：向水箱中注水时，会产生水压，而水压推动了水的流动。同理，电压推动自由电子形成电流。

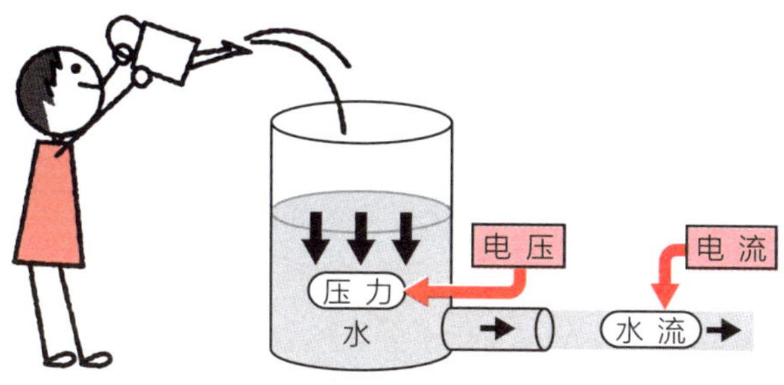

▲ 水压与水流

电流和电压的符号

在电路中，电流通常用符号 I（或 i）表示，单位为**安培（A）**；电压用符号 V（或 v）表示，单位为**伏特（V）**。在阅读时，符号 V 表示电压，而 V 表示其单位。在交流电中，由于电压极性随时间不断变化，电流的方向也会随之改变。

第8讲 电流、电压、电阻和欧姆定律

电学基础知识 /// ☑电阻 ☑正比 ☑反比 ☑定律

电阻的作用

阻碍电流流动的元件被称为**电阻器**，简称**电阻**。电阻的符号是 R，单位为欧姆（Ω）。电阻的主要作用如下。

- **阻碍电流流动**：电阻越大，对电流的阻碍作用越明显。
- **分压**：电阻越大，在电路中分得的电压越大。
- **发热**：电流通过电阻时会产生热量——**焦耳热**，这一现象在吹风机、电热器等设备中得到了应用。

让我们回顾一下电流、电压和电阻的符号与单位。

▼ 电流、电压、电阻的符号与单位

项　目	符　号	单　位
电　流	I、i	A（安培）
电　压	V、v，E、e	V（伏特）
电　阻	R	Ω（欧姆）

电阻与电流、电压的关系

以一个简单的电池电路为例，探讨电阻对电流的影响。当电阻 R 的值保持恒定时，逐渐增大电池的电压 V，流过电路的电流 I 将随电压增大而增大，即电流与电压成正比。

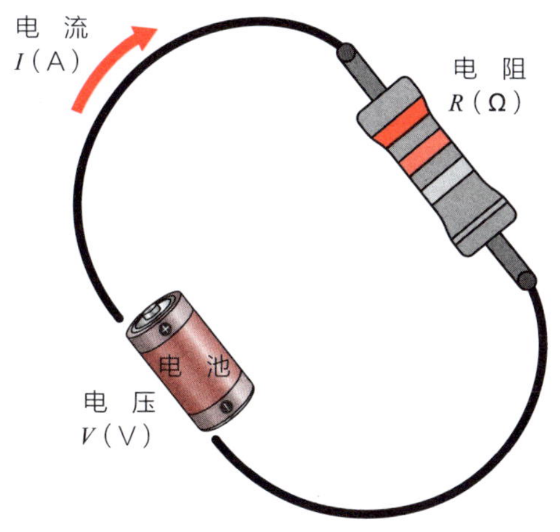

▲ 连接电阻的电池电路

例如，保持电阻 $R = 2\Omega$，将电压 V 从 0V 增大至 4V，电流 I 便会随电压的增大而增大，即**电流与电压成正比**。

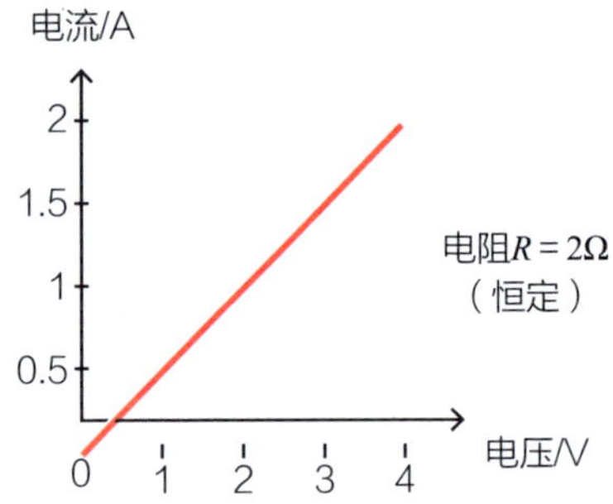

▲ 电压增大，电流也会增大

若保持电压 $V = 4\text{V}$，当电阻 R 从 1Ω 增大到 5Ω 时，电流 I 会随着电阻的增大而减小，即**电流与电阻成反比**。

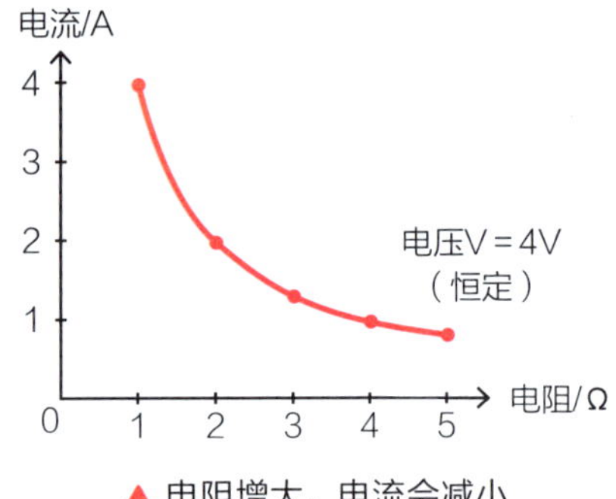

▲ 电阻增大，电流会减小

欧姆定律

综上所述，**电流与电压成正比，与电阻成反比**，这一现象即为**欧姆定律**。可以用推大球的情景来形象说明：大球滚动的速度代表电流，推动大球的力代表电压，而坡度则代表电阻。在坡度固定的情况下，推球的力越大，大球滚动得越快；反之，在推力不变的情况下，坡度越大，大球滚动速度越慢。

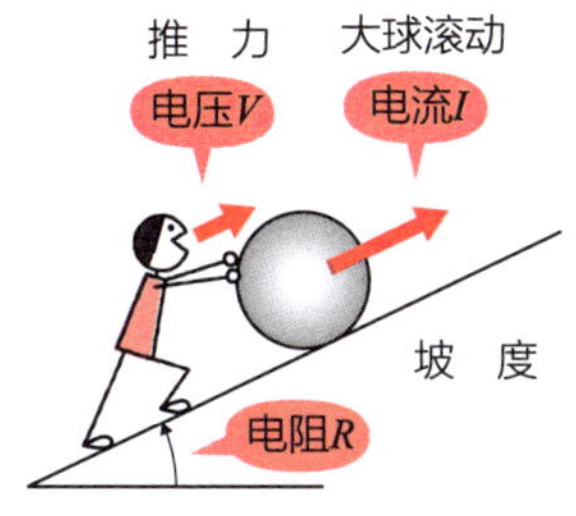

▲ 欧姆定律的示意图

欧姆定律可用下式表示：

$$欧姆定律 \quad I=\frac{V}{R}$$

这一公式表明，只要知道其中任意两个量（电流 I、电压 V、电阻 R），就可求解出第三个量。

下图展示了一种记忆欧姆定律的方法：用手指遮住想要求解的量，就可以得到求解公式（将圆内的横线视为除法符号，竖线视为乘法符号）。

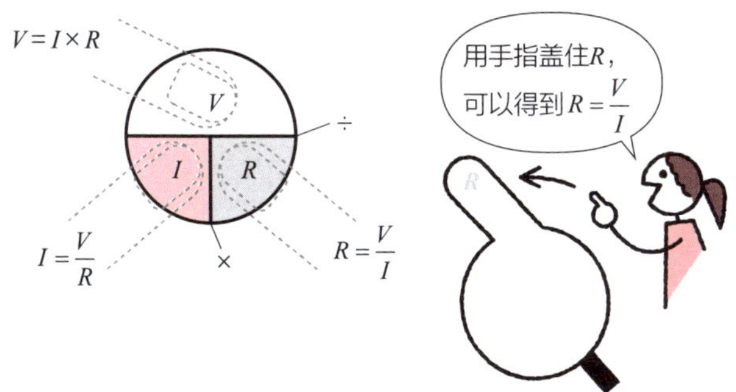

▲ 欧姆定律的记忆方法

欧姆定律由德国物理学家欧姆（G. S. Ohm，1789—1854）提出，是电学领域极为重要的基础定律。

第9讲 复杂电路中的基尔霍夫定律

电学基础知识 /// ☑电流之和 ☑电势之和 ☑电压降之和

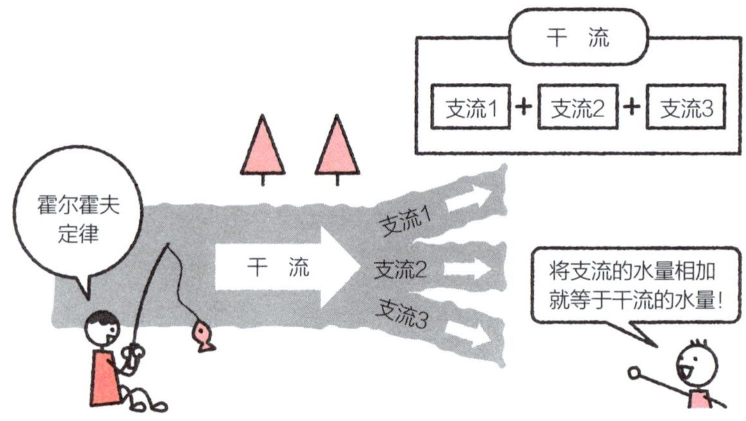

电学中的两个重要定律

在电学中，除了欧姆定律，**基尔霍夫定律**也是分析复杂电路的重要工具。基尔霍夫定律分为两个部分：**基尔霍夫电流定律（第一定律）和基尔霍夫电压定律（第二定律）**。下面，我们以通俗易懂的语言对它们进行说明。

- **基尔霍夫电流定律**：在电路中任一节点上，任意时刻流入该节点的电流之和等于流出该节点的电流之和。
- **基尔霍夫电压定律**：在任一闭合回路中，各元件上的电压降的代数和等于电动势的代数和。

基尔霍夫电流定律

在一个由电池和两个并联电阻 R_1、R_2 构成的电路中，电池提供的总电流 I 分为 I_1 和 I_2 流向各并联支路，有

$$I=I_1+I_2$$

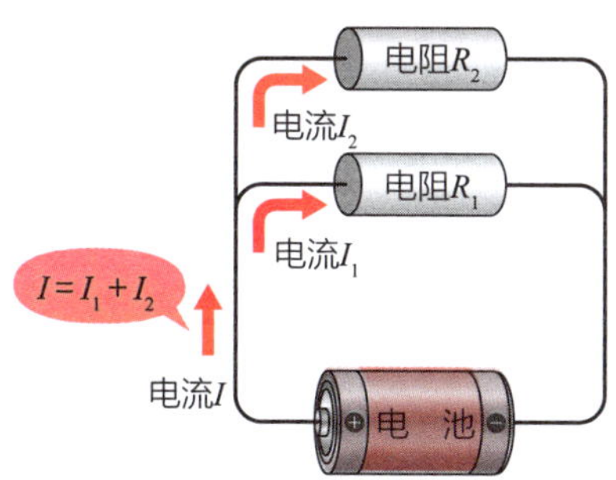

▲ 电路中的电流分布

基尔霍夫电压定律

在一个由电池和两个串联电阻 R_1、R_2 构成的电路中，电池的总电压 V 依次分配在各电阻上，满足：

$$V=V_1+V_2$$

基尔霍夫定律由德国物理学家基尔霍夫（G.R.Kirchhoff，1824—1887）提出，是电路分析的重要工具。

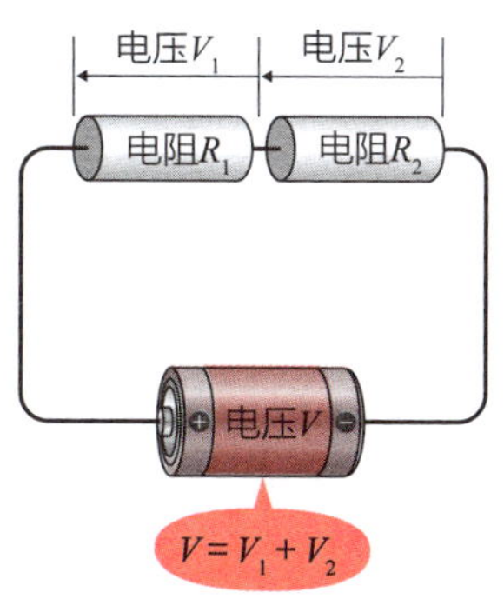

▲ 电路中的电压分布

第10讲 电功率与电能：电流做了多少功？

电学基础知识 /// ☑单位时间 ☑一定时间内 ☑电费

电流所做的功

电流为我们完成了许多有用的工作。例如，当电流通过LED灯泡时，会使其发光；还能驱动电机转动，或者让吹风机吹出热风。电流所做的功可以用**电功率**或**电能**来表示。

- **电功率**：电流在单位时间内所做的功。

  电功率 P = 电流 I × 电压 V

- **电能**：电流在一定时间内所做的功。

  电能 = 电功率 P × 时间 t

电功率（W）

电功率的符号是 P，单位是**瓦特（W）**，其大小等于电流与电压的乘积。利用欧姆定律，电功率可用下式表示：

$I=\frac{V}{R}$　欧姆定律

$$P=I\cdot V=\left(\frac{V}{R}\right)\cdot V=\frac{V^2}{R}$$

$V=I\cdot R$　欧姆定律

$$P=I\cdot V=I\cdot(I\cdot R)=I^2\cdot R$$

电能（W · h）

电能的符号是 W，单位常用**千瓦时（kW · h）**表示。电能等于电功率与时间的乘积。这意味着电能是电流在一定时间内所做的总功。时间 t 的单位不同，电能的单位也会变化。

▼ 电能的单位

时间单位	电能	
	单　位	读　法
s（秒）	W · s	瓦特秒
	J	焦　耳
h（小时）	W · h	瓦　时
	kW · h	千瓦时

W · s（瓦特秒）表示每秒消耗的电能，W · h（瓦时）表示每小时消耗的电能。kW · h（千瓦时）是家庭用电常用的计量单位，电费通常以此计算。家庭的电能消耗可以通过电表测量。

此外，电能的国际标准单位是焦耳（J），1J＝1W · s。

第11讲 用表格整理单位和前缀

电学基础知识 /// ☑A ☑V ☑Ω

世界通用的单位

电流的**单位**是 A（安培），电压的单位是 V（伏特），电阻的单位是 Ω（欧姆）。这些单位都来自 1960 年国际计量大会制定的**国际单位制（SI）**。依据该标准，全世界能够使用统一的单位。我们日常生活中常用的长度单位 m（米）、质量单位 kg（千克）、时间单位 s（秒）都属于国际单位制。以下是电学领域常用的单位列表。

▼ 电学领域常用的单位

对　象	符　号	读　法	对　象	符　号	读　法
电　流	A	安培（Ampere）	电　容	F	法拉（Farad）
电　压	V	伏特（Volt）	电　感	H	亨利（Henry）
电　阻	Ω	欧姆（Ohm）	平面角	rad	弧度（Radian）
频　率	Hz	赫兹（Hertz）	电　荷	C	库仑（Coulomb）
电功率	W	瓦特（Watt）	电　导	S	西门子（Siemens）
电　能	J	焦耳（Joule）	光　强	cd	坎德拉（Candela）

长度单位的前缀

以长度单位 m（米）为例，表示较短的长度时常用 mm（毫米）或 cm（厘米），表示较长的长度时会用 km（千米）。这里的 m（毫）、c（厘）、k（千）被称为**前缀**。

通过使用这些前缀，可以高效地表示长度、质量等的不同数量级。例如，1000m 可以表示为 1km，0.01m 可以表示为 1cm。

▼ 长度和质量单位前缀举例

前　缀	p	n	μ	m	c	k	M	G
读　法	皮	纳	微	毫	厘	千	兆	吉
乘　数	10^{-12}	10^{-9}	10^{-6}	10^{-3}	10^{-2}	10^{3}	10^{6}	10^{9}

第12讲 从电池连接学习串联与并联

电学基础知识 /// ☑亮度 ☑电池续航 ☑发热

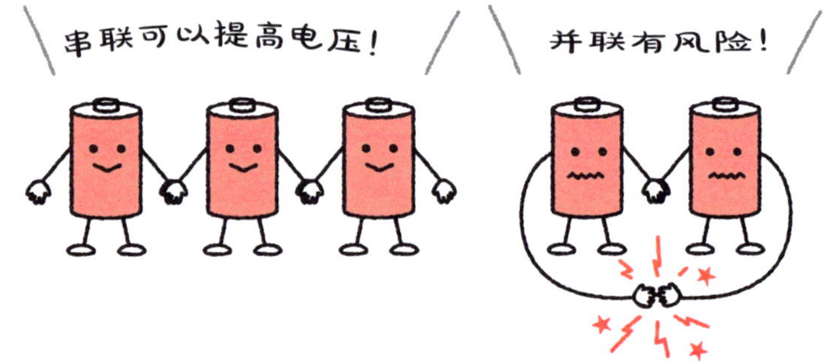

电池的连接方式

在电工电路或电子电路中，电池的连接方式有两种主要形式：**串联**和**并联**。例如，常见的单节干电池输出电压为 1.5V。在直流电源符号中，长线的一端表示正极（+），短线的一端表示负极（-）。

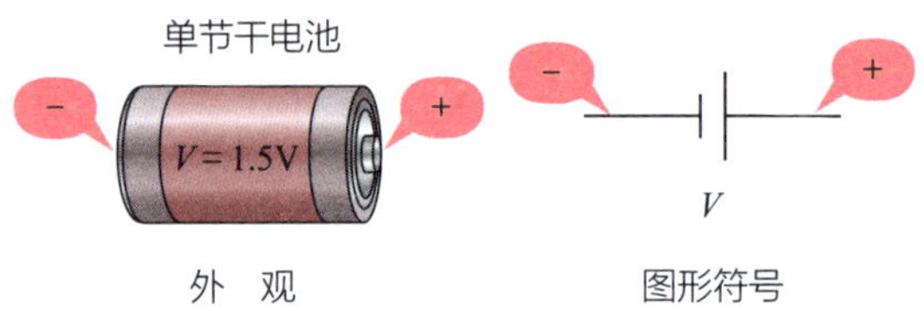

▲ 单节电池示例

再考虑多节电池的**串联**和**并联**。

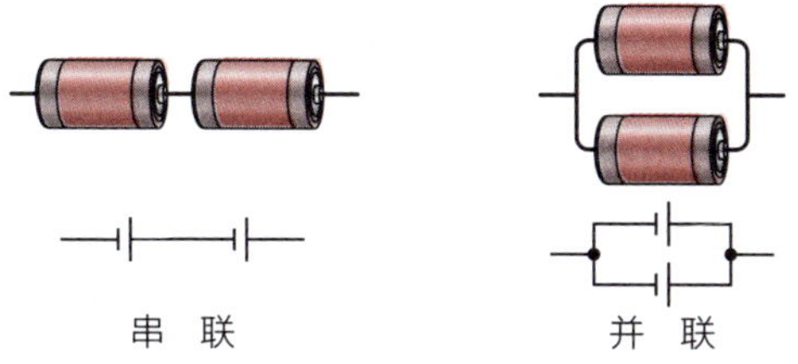

▲ 2 节电池的连接

串 联

先来看**串联**。将 2 节电压为 1.5V 的干电池串联，总电压为 1.5V × 2 = 3.0V。如果串联 3 节电池，总电压就是 1.5V × 3 = 4.5V。

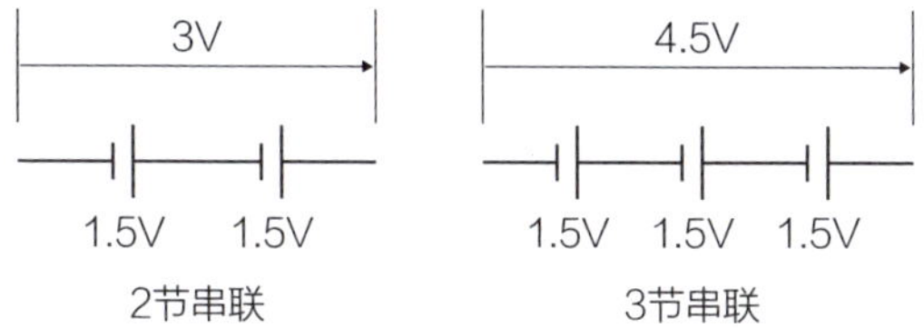

▲ 电池的串联

因此，对于 n 节电压为 V 的电池，串联后的总电压为 $V \times n$。这意味着串联的电池越多，产生的总电压越高。举例来说，一个亮度与施加电压成正比的灯泡，使用两节电池串联供电比只用一节电池时更亮。

不过，串联以后电池的续航能力如何呢？将两节电池串联是否能让灯泡比仅用一节电池点亮更长时间？答案是否定的。尽管多节电池串联可以使灯泡更亮，但续航时间与使用单节电池时相同。换句话说，串联并不能延长续航时间。

▲ 串联的效果

并　联

接下来看**并联**。尽管**并联并不是推荐的**电池**连接方式**，但了解其效果仍然重要。将两节电压为 1.5V 的干电池并联，总电压仍然为 1.5V；三节电池并联，总电压还是保持 1.5V 不变。

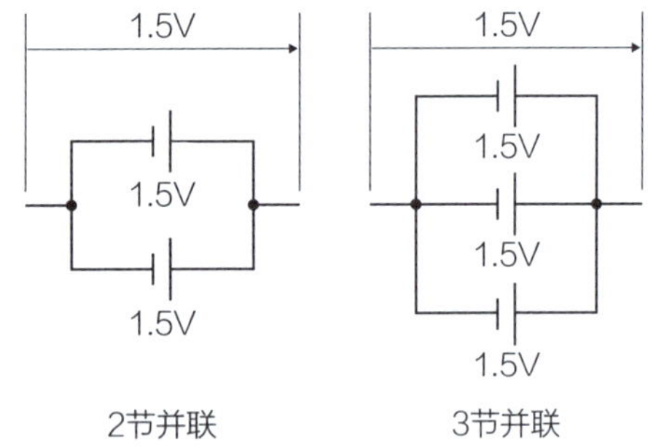

▲ 电池的并联

因此，无论并联多少节电压为 V 的电池，总电压都与单节电池相同。使用亮度与电压成正比的灯泡时，虽然并联不会使灯泡更亮，但可以延长续航时间。例如，当 2 节电池并联时，灯泡点亮的时间是单节电池的 2 倍。

电池并联有风险

虽然并联可以延长电池的续航时间，但实际应用中应**避免电池的并联**。考虑将 2 节电池并联的情况。

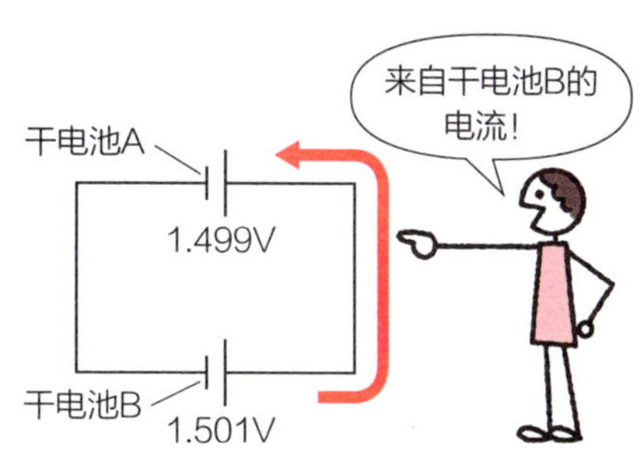

▲ 两节电池并联连接

即使是同一品牌的同一型号电池，多节电池的实际性能也可能存在差异。例如，两节电池的标称电压都是 1.5V，但实际仍可能存在误差。假设电池 A 的电压为 1.499V，电池 B 的电压为 1.501V，那么电压较高的电池 B 会向电池 A 输送电流。从电池 A 的角度来看，这个电流是反向的，可能会导致电池发热，甚至引发危险。

电池的串联：电压提高，但续航时间不变。

电池的并联：不推荐使用，可能引发危险。

第13讲 必须掌握的基本电气符号

电学基础知识 ///　☑GB　☑框架连接　☑导线

基于 GB/T 4728 的电气简图符号

在中国，用于表示电气元件和配线的电气简图符号由国家标准 GB/T 4728 规定。尽管在某些情况下可能会使用与标准不同的符号，如在第 3 章中介绍的运算放大器，但我们仍需理解并遵循国家标准中的符号。

接地与框架连接

接地有时称作“**接地线**”或“**接大地**”，指将电流导入大地或其他导体的连接方式。**框架连接**通常与接地使用相同的符号和术语。如果电路图中标有多个框架连接符号，则表示它们在电气上是相互连接的。具体细节将在第 43 页进行详细说明。

直流电源	交流电源	电　阻	电　容	电　感	直流电流表	交流电流表	开　关

接　地	框架连接	信号连接	直流电压表	交流电压表	端　子	连接的导线	未连接的导线

▲ 电气符号示例

连接导线与未连接导线

在配线符号中，带**黑点的符号**表示电气连接，没有黑点则表示未连接。即黑点的有无会直接影响电气功能，这一点需要特别关注。

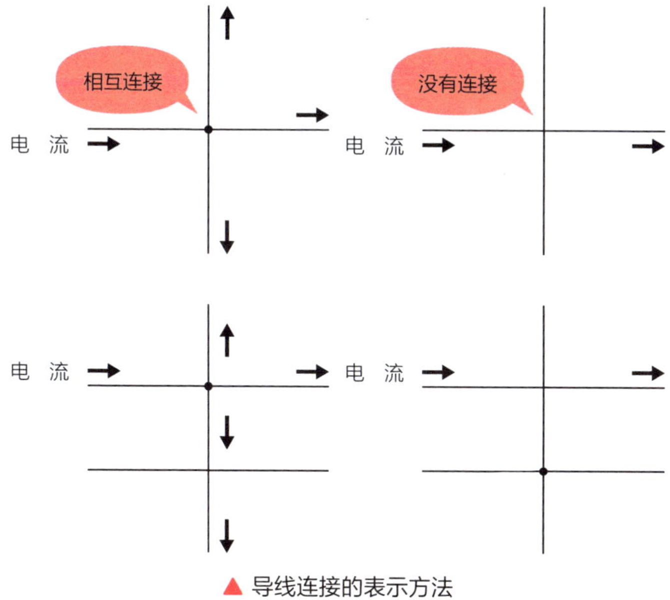

▲ 导线连接的表示方法

对于其他未在此处介绍的符号，将在需要时逐一说明。

第14讲 如何轻松看懂复杂的电路图？

电学基础知识 /// ☑实体配线图 ☑符号 ☑框架连接 ☑接地

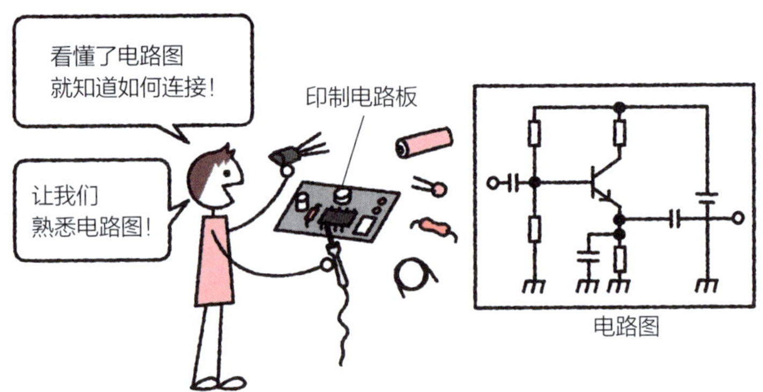

实体配线图和电路图

电路的配线可以通过**实体配线图**表示，这种图以插图等形式描绘实际元件及其连接关系。然而，实体配线图的绘制较为烦琐，在配线复杂的情况下往往难以理解。因此，通常使用符号化的电路图。一旦熟悉这些**符号**，**电路图**在理解电路连接关系时通常比实体配线图更为简洁明了。

干电池与 LED 的例子

我们来看一个用干电池点亮发光二极管（LED）的电路。

此电路中，除了干电池和 LED，还需要一个开关来控制电流的通断，以及一个电阻来限制 LED 的电流。以下是电路的实体配线图与电路图，可以对比两者之间的对应关系。

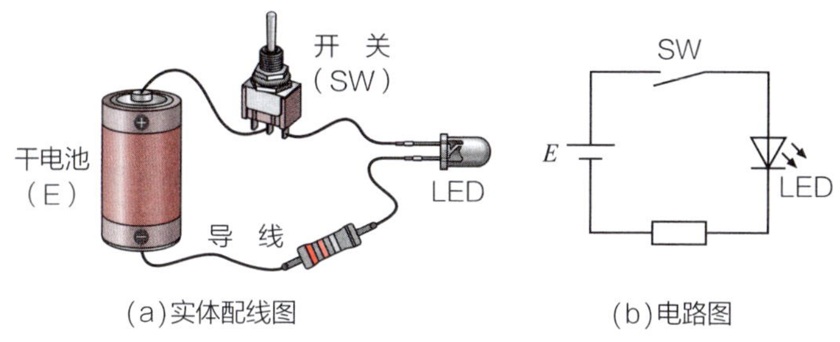

▲ LED 点亮电路

在电路图中，经常使用框架连接或接地符号。如果电路图中存在多个框架连接符号，则表示它们在电气上是相互连接的。

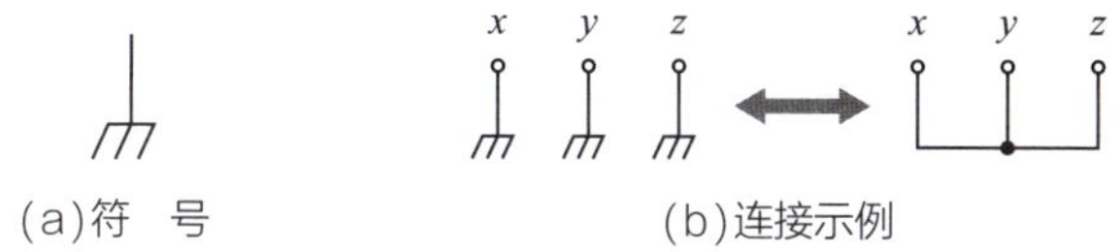

▲ 框架连接和接地的概念

让我们试着用框架连接符号来表示 LED 点亮电路。

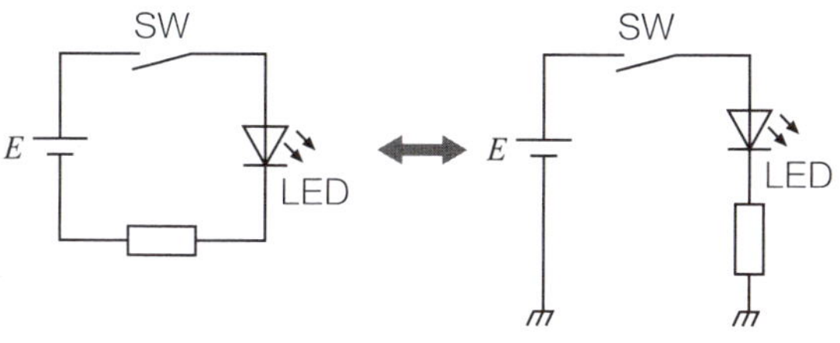

▲ 框架连接符号的使用示例

专栏2 交流电压的有效值

直流电压的大小和极性是恒定的，如 1.5V。与此不同，**交流**电压的大小随时间变化，因此需要指定某一时刻的电压值来表示其大小，这种值称为**瞬时值**。瞬时值能精确表示电压，但在实际应用中并不方便。因此，常用**有效值**来简化交流电压的表示。

有效值是指交流电在单位时间内所做的功与直流电能等效时的电压值。对于正弦波交流电，有效值 V 可以通过最大值 V_m 除以 $\sqrt{2}$ 得到。

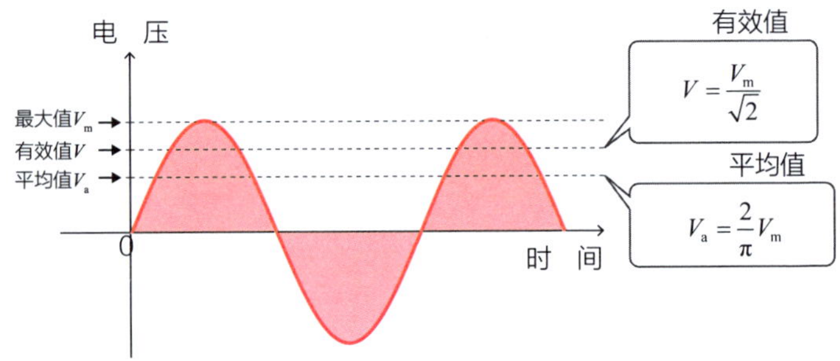

▲ 正弦波交流电的有效值

例如，中国家庭插座中的交流电压常表示为 220V，这其实是有效值。也就是说，电压的最大值为 $220\text{V} \times \sqrt{2} \approx 311\text{V}$。此外，将最大值（峰值）$V_m$ 乘以 π/2，即可得到**平均值** V_a，它表示半周期内的平均电压值。

第3章 电子电路元件大揭秘

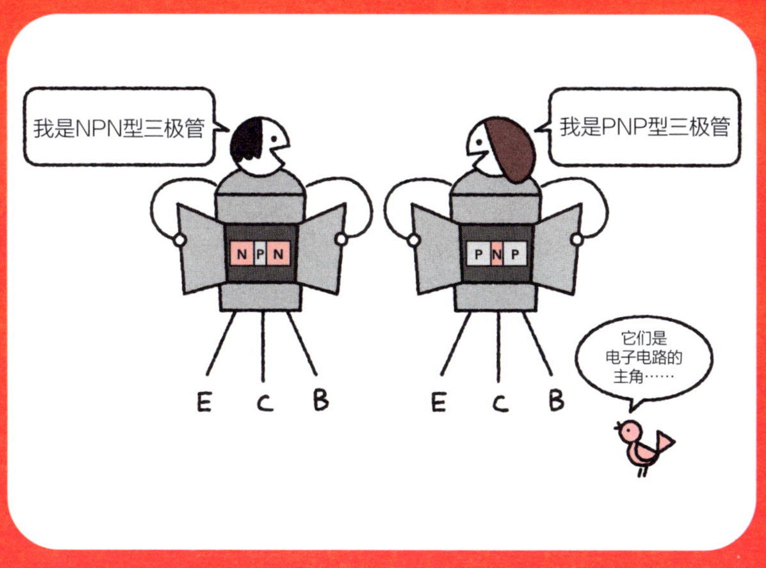

第15讲 深入了解电阻

基本元件 /// ☑电阻值 ☑色环代码 ☑数字标注 ☑误差

电阻器的种类

电阻器（resistor）是一种用于阻碍电流流动的元件，简称**电阻**，符号为 R，单位为 Ω（欧姆）。电阻没有正负极性之分，主要有以下几种类型。

- **固定电阻器**：电阻值固定不变。
- **半固定电阻器**：可以通过工具（如螺丝刀）调整电阻值。
- **可变电阻器**：无需工具即可调整电阻值。

各类电阻器的用途

半固定电阻器通常用于需要初始设定但后续无须频繁调整电阻值的电子电路中。可变电阻器因其易于调整的特性，常用于需要频繁改变电阻值的场合，如音量调节。可变电阻器通常用符号VR（variable resistor）表示。

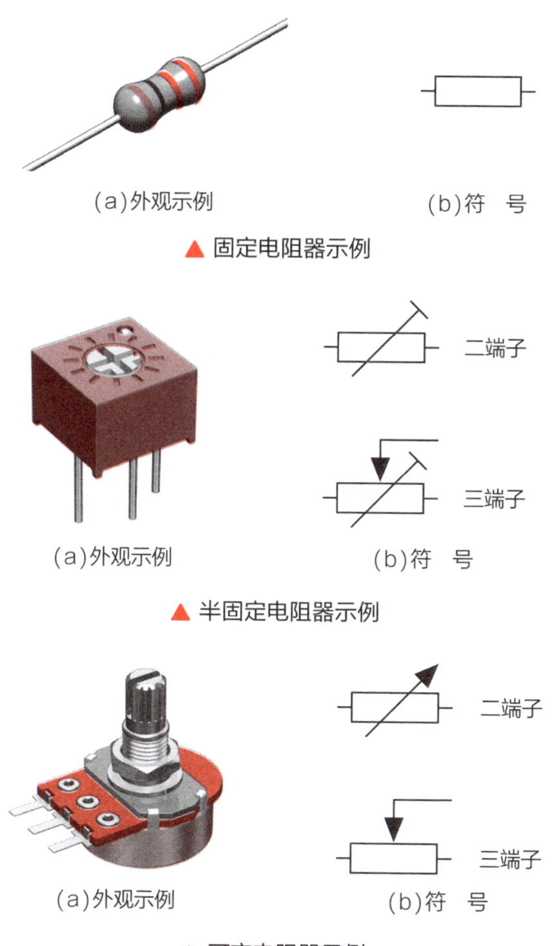

(a)外观示例　(b)符　号

▲ 固定电阻器示例

(a)外观示例　(b)符　号

▲ 半固定电阻器示例

(a)外观示例　(b)符　号

▲ 可变电阻器示例

色环代码和数字标注

电阻值通常通过**色环代码**或**数字标注**来表示。

❶ 色环代码

▼ 色环的含义

色环颜色	数 值	10 的幂次	容许误差 /%
黑	0	1	
棕	1	10	±1
红	2	10^2	±2
橙	3	10^3	±0.05
黄	4	10^4	±0.02
绿	5	10^5	±0.5
蓝	6	10^6	±0.25
紫	7	10^7	±0.1
灰	8	10^8	±0.01
白	9	10^9	
粉		10^{-3}	
银		10^{-2}	±10
金		10^{-1}	±5
无色			±20

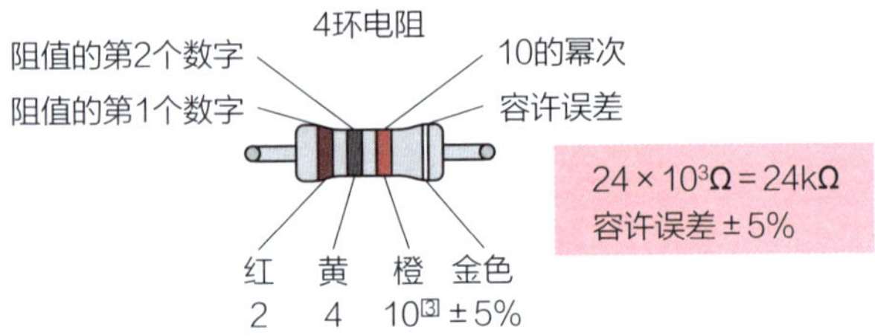

▲ 色环代码读取示例

❷ 数字标注

数字标注通过字母和数字组合表示电阻值和容许误差。

▼ 数字标注容许误差

标　注	F	G	J	K	M	N	S	Z
容许误差/%	±1	±2	±5	±10	±20	±30	-20 ~ +50	-20 ~ +80

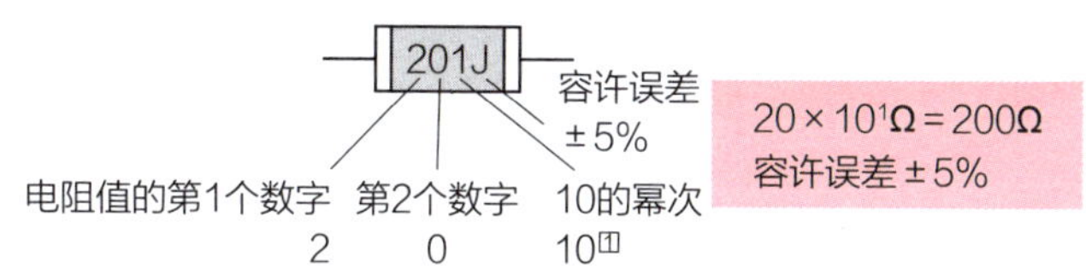

▲ 数字标注读取示例

电阻值的误差

电阻值总是存在一定**误差**，将数值设置得过于精确意义不大。为此，**E24 系列**等标准规定了电阻值的合理间隔。例如，E24 系列标准中没有 25kΩ 电阻，如有需要，只能选取与之接近的 24kΩ 电阻或 27kΩ 电阻。

▼ E24 系列电阻值序列

10	1	12	13	15	16	18	20	22	24	27	30
33	36	39	43	47	51	56	62	68	75	82	91

此外，选择电阻时还需要考虑电阻的额定功率（W）。

第16讲 储存电能的电容

基本元件 ///　☑电容　☑极性　☑额定电压

电容器的作用

电容器（capacitor）是一种储存电能的电子元件，简称**电容**，符号为 C，单位为 F（法拉）。电容器的主要作用如下。

- **充电**：储存电能。
- **放电**：释放储存的电能。
- **阻抗**：对于直流电，电容器的阻抗较大，因此电流不易通过；对于交流电，频率越高，阻抗越小，电流越容易通过。

电容器的分类

根据是否可调，电容器分为以下几类。

- **固定电容器**：电容量固定不变。
- **半固定电容器**：可通过工具（如螺丝刀）调整电容量，也称为**微调电容器**（trimmer）。
- **可变电容器**：无需工具即可调整电容量，也称为**可调电容器**。

半固定电容器主要用于需要初始设定但后续无须频繁调整电容量的电子电路。而可变电容器因其易于调整的特性，常用于需要频繁改变电容量的场合，如频率调节等。可变电容器的符号为**VC**（variable condenser）。

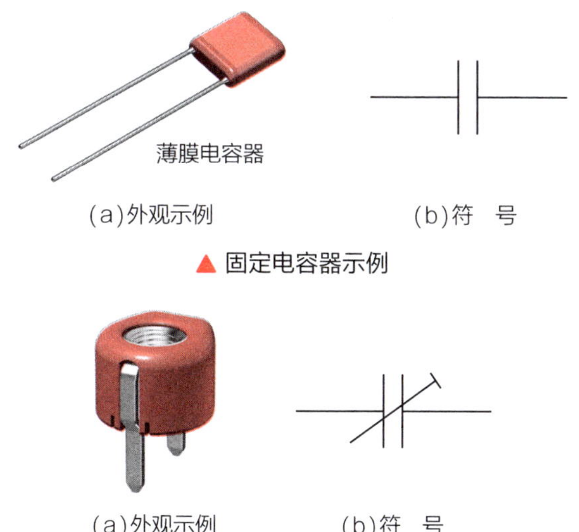

(a)外观示例　(b)符　号

▲ 固定电容器示例

(a)外观示例　(b)符　号

▲ 半固定电容器（微调电容器）示例

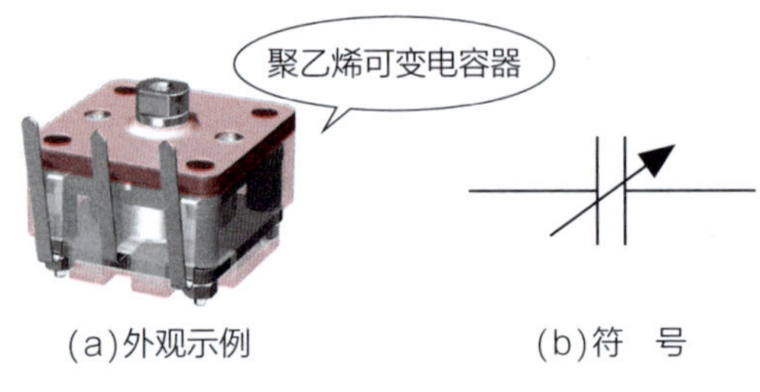

(a)外观示例　　(b)符　号

▲ 可变电容器示例

进一步细分电容器

电容器的类型多样，有些电容器无极性（如陶瓷电容器），有些有极性（如电解电容器）。如果电容器符号带正号（+），则表明该电容器是有极性的。

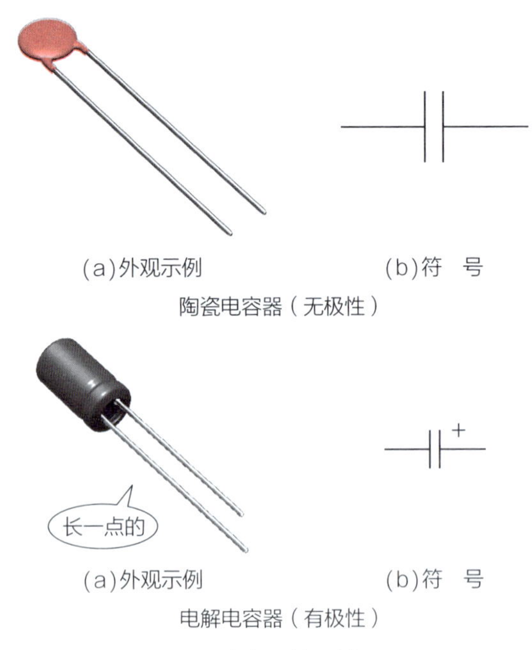

(a)外观示例　　(b)符　号

陶瓷电容器（无极性）

(a)外观示例　　(b)符　号

电解电容器（有极性）

▲ 电容器的示例

电容器的符号表示与误差

电容量有时直接标记在元件上，如 10μF，有时则会使用**标识符号**来标记。选择电容器时，需确保其**额定电压**高于实际工作电压。

▼ 额定电压的符号表示

标　记	A	B	C	D	E	F	G	H	J	K
数　值	1.0	1.25	1.6	2.0	2.5	3.15	4.0	5.0	6.3	8.0

▼ 误差范围的符号表示

标　记	F	G	J	K	M	N	S	Z
容许误差/%	±1	±2	±5	±10	±20	±30	-20 ~ +50	-20 ~ +80

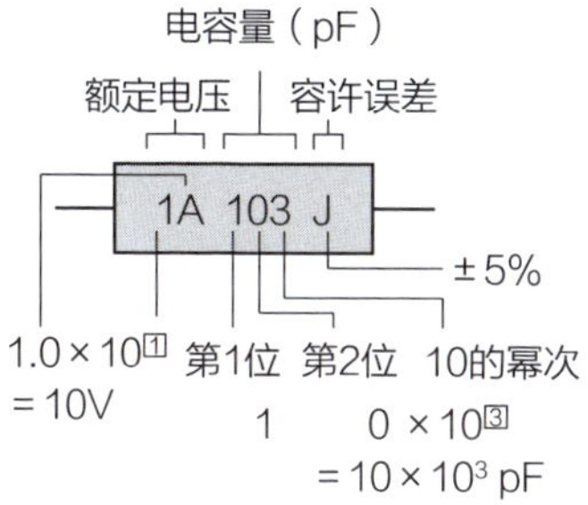

▲ 符号表示的读取示例

与电阻值类似，电容量也存在**误差**，因此也常采用 **E24 系列**等标准来规范其值，以确保元件的互换性和可靠性。

第17讲 连接电与磁的线圈（电感）

基本元件 /// ☑电感 ☑磁芯 ☑变压器 ☑阻抗变换器

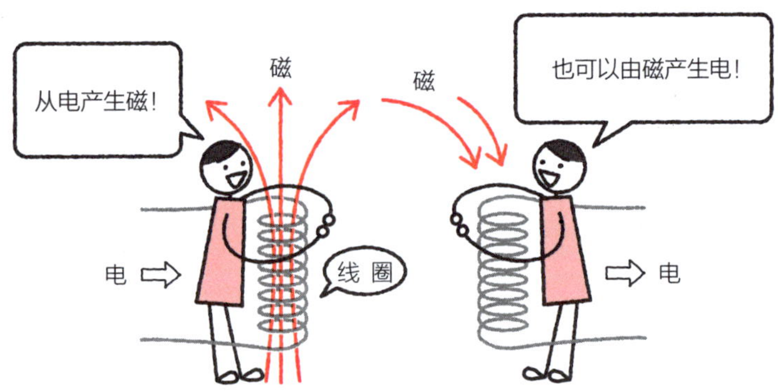

线圈的作用

线圈（coil）的符号为 L，单位为 H（亨利）。之所以不使用线圈的英文首字母 C 作为符号，有多种说法，其中一种解释是 C 已被用作电容的符号，因此采用了线圈英文单词的最后一个字母 L。线圈的主要功能如下。

- **产生磁能**：通电时，线圈会产生磁场。
- **产生电能**：在变化磁场的作用下，线圈内会产生电流。
- **阻抗**：对于直流电，电流容易通过线圈；对于交流电，频率越高，阻抗越大，电流越不容易通过线圈。

- **阻抗变换**：改变交流电路中的阻抗——也称为感抗。
- **变压**：调整交流电压的大小。

电感器的结构

电感器本质上是由导线等材料缠绕而成的线圈，简称**电感**。为了增加电感量，有时将线圈绕在由磁性材料制成的**磁芯**上——**磁芯电感器**。

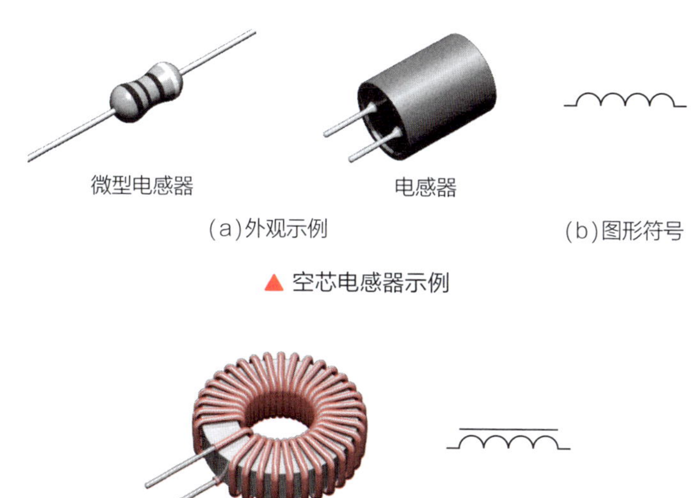

▲ 空芯电感器示例

▲ 磁芯电感器示例

电感器的种类

根据电感量是否可调，电感器可分为以下几类。

- **固定电感器**：电感量固定不变。

- **半固定电感器**：可通过工具调整电感量，也称为**半固定电感器**。
- **可变电感器**：无需工具即可调整电感量，也称为**微调电感器**。

调整电感量的方法主要有两种：改变线圈匝数；改变线圈内磁芯的位置和材质。实际应用中，最常见的方法是改变磁芯的位置。半固定电感器和可变电感器通常通过调整磁芯的位置来改变电感量。

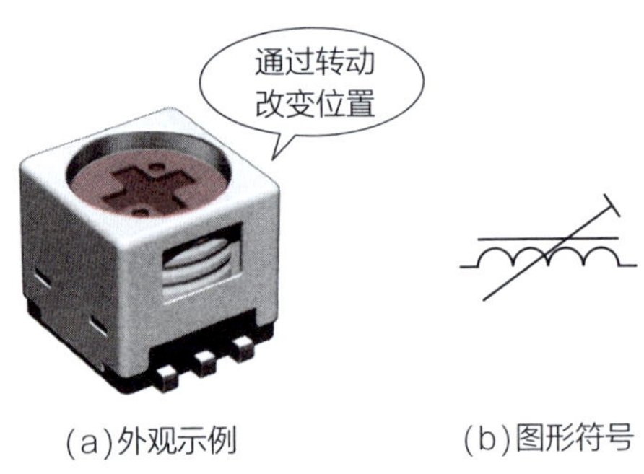

(a)外观示例　　(b)图形符号

▲ 半固定电感器的示例

电感量

电感量有时会直接标注在元件上（如 10μH），也可能通过**色环**或**数字标注**表示（参照第 15 讲的电阻值）。色环或数字标注通常以 μH（微亨）为单位。

多个线圈组成的变压器

变压器是由多个线圈按照特定方式组合而成的一类元件，利用电磁感应（即磁通变化在线圈中产生感应电动势）改变交流电压的幅度，或者用于阻抗匹配。

- 用于改变电压的被称为**变压器**（transformer）。
- 用于改变阻抗的被称为**阻抗变换器**（impedance transformer）。

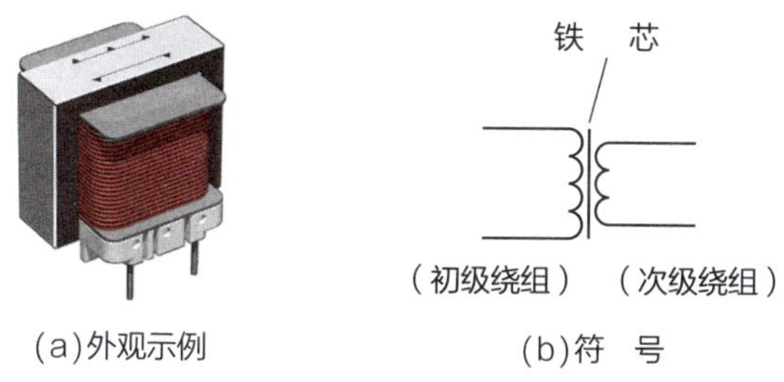

▲ 变压器示例

磁场的极性

线圈作为元器件通常没有固定的正负极性。但在某些电路设计中，需要考虑导线的缠绕方向，因为它会直接影响磁场的极性（N、S）。

此外，部分线圈在缠绕过程中会引出额外的连接点——**抽头**。

▲ 带抽头线圈的符号示例

第18讲 电池的种类竟然这么多

基本元件 /// ☑一次电池 ☑二次电池 ☑太阳能电池

不可充电电池和可充电电池

电池是为电子电路等设备提供直流电源的元件，根据是否可充电可以分为**一次电池**和**二次电池**。

(a)一次电池（锂电池）

(b)二次电池（锂离子电池）

▲ 电池外观示例

- **一次电池**：使用后无法充电再利用，如常见的锰干电池和锂锰电池。

- **二次电池**：使用后可以通过充电重复使用，如锂离子电池和镍氢充电电池。

▼ 主要电池示例

分　类	名　称	单体电压 /V	特　点
一次电池	锰干电池	1.5	价格低廉
	碱性锰干电池	1.5	寿命是锰干电池的两倍以上
	锂电池	3.0	可长时间使用
二次电池	铅酸蓄电池	2.0	适合大电流的应用
	镍氢电池	1.2	使用寿命长
	锂离子电池	3.7	轻量化设计，输出功率高

环保型电池

除了上述传统电池，还有一些环保型电池，如**太阳能电池**和**燃料电池等**。

- **太阳能电池**：通过光伏效应将光能转化为电能，主要原材料是半导体（详见第 19 节）。
- **燃料电池**：利用氢气与氧气发生化学反应产生电能，过程中仅生成水，无污染。

电池是储能元件，使用不当可能会引发危险。

◆ 使用电池的注意事项

- 避免正负极短路，以防止电池过热或损坏。
- 严禁拆解电池，拆解可能导致内部材料泄漏或起火、爆炸。
- 注意长期使用可能引发的漏液问题，以免对设备造成腐蚀。
- 废弃电池需根据当地废弃物管理规定进行妥善处理，尽量循环利用，减少环境污染。

第19讲 电阻率既不大也不小的半导体

半导体元件 ///　☑半导体　☑自由电子　☑有源元件

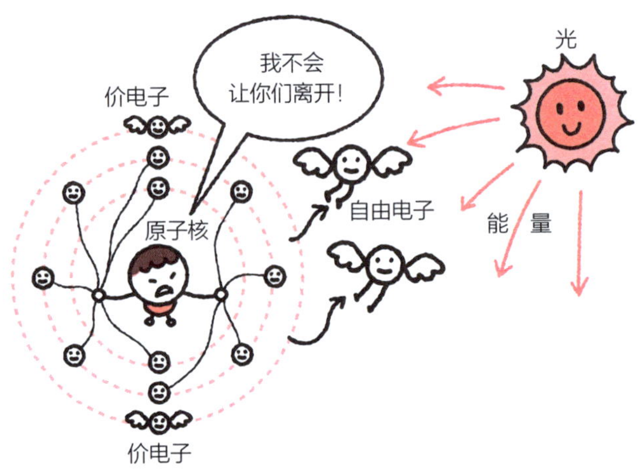

物质与电流的关系

根据导电性，物质可以分为以下几类。

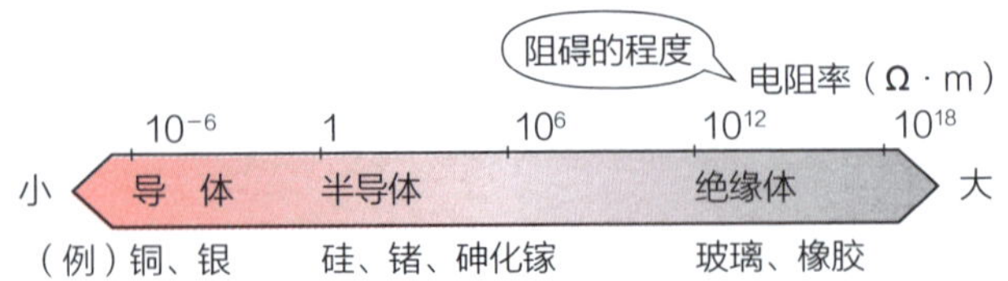

▲ 物质的电阻率

- **导体**：电阻率很小，容易传导电流，如铜和银。
- **绝缘体**：电阻率极大，不易传导电流，如玻璃和橡胶。
- **半导体**：电阻率介于导体和绝缘体之间，能够让少量电流通过，如硅和锗。

从原子结构理解物质导电性

所有物质都由**原子**构成，而导电性取决于物质的原子结构。原子由**原子核**和围绕其运动的**电子**组成。

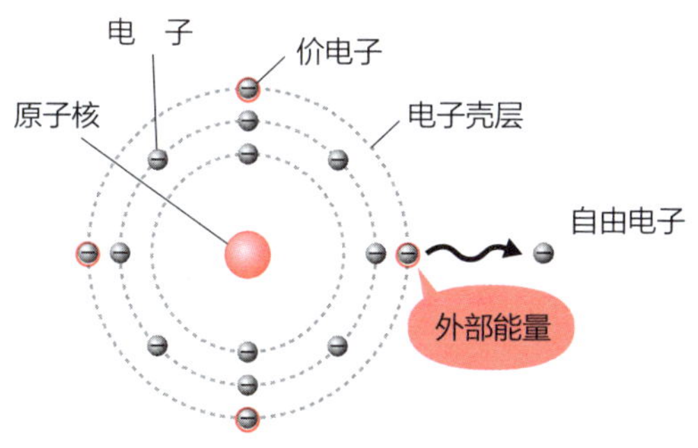

▲ 原子结构示例

电子分布于被称为**电子壳层**的若干轨道中。其中，最外层轨道上的电子被称为**价电子**。靠近原子核轨道上的电子，由于与原子核结合紧密，很难脱离轨道。而价电子由于距离原子核较远，容易在外部的热或光等能量作用下脱离轨道，成为**自由电子**。

自由电子的移动形成电流。自由电子越多，物质的导电性越强。需要注意的是，电流的方向与电子移动的方向相反（参照第 7 讲）。

三极管和场效应管（FET）等有源元件，都是利用**半导体**材料制造出来的。

第20讲 本征半导体和杂质半导体

半导体元件 /// ☑空穴 ☑载流子 ☑ P 型半导体 ☑ N 型半导体

通过共价键结合的半导体

以硅（Si）原子聚集而成的**单晶半导体**为例，硅原子带有 4 个**价电子**（位于最外层电子壳层的电子）。这些价电子会分别与相邻原子的价电子配对，形成稳定的**共价键**，从而构成半导体晶体结构。

根据材料的纯度，半导体可以分为以下两类。

- **本征半导体**：纯度极高的半导体，如硅或锗。
- **杂质半导体**：在本征半导体中掺入杂质原子，以形成特定导电性能的半导体。

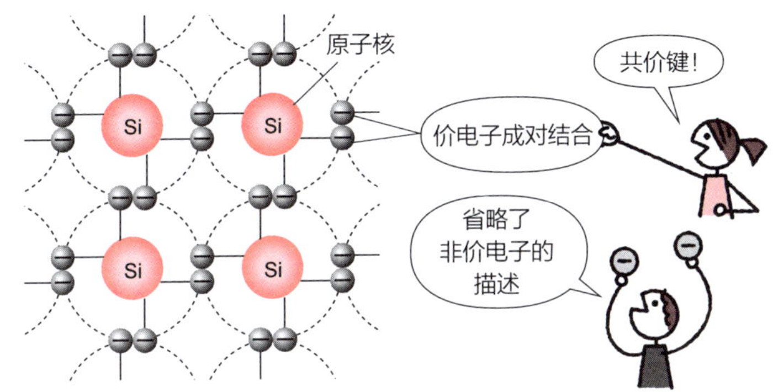

▲ 硅（Si）原子的共价键

高纯度的本征半导体

通过精炼从硅或锗中去除杂质而得到的**本征半导体**，其纯度可以高达 99.999999999%（俗称“十二九”纯度）。在这种高纯环境下，半导体的导电特性主要受热能、光能或电能等外部因素的影响。

① 施加外部能量。

② 部分价电子脱离轨道，成为自由电子。

③ 价电子脱离后留下的空位称为空穴，带正电。

④ 附近的价电子被空穴的正电荷吸引，成为新的自由电子。

⑤ 步骤④中价电子脱离后又形成新的空穴。

⑥ 受步骤⑤中的空穴吸引，附近的价电子变成自由电子。

⑦ 步骤⑥中价电子脱离后再形成新的空穴。

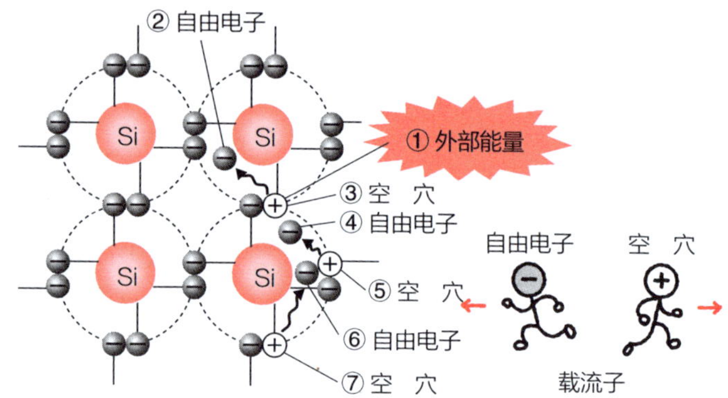

▲ 本征半导体中的自由电子与空穴

像这样，步骤⑥和⑦不断重复，自由电子和空穴移动，从而产生电流。在本征半导体中，自由电子和空穴作为主要载流子，共同参与电流的传导。自由电子带负电，空穴则带正电。两者相互作用，形成平衡的电导特性。

P 型半导体

向本征半导体中掺杂三价元素（如硼，B）可形成 P 型半导体。三价原子有 3 个价电子，因此在形成共价键时会缺少 1 个电子，自然形成空穴。空穴作为**多数载流子**负责主要的电流传

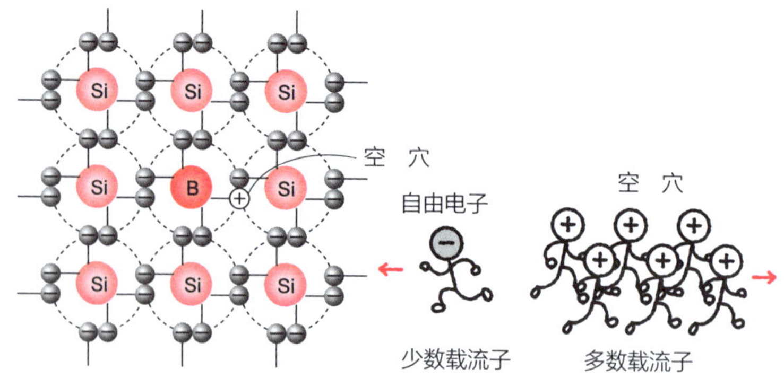

▲ 杂质半导体（P 型半导体）

导，而自由电子作为**少数载流子**参与导电。掺杂了更多空穴的半导体因其载流子以空穴为主，故称为 **P 型半导体**。

N 型半导体

向本征半导体中掺杂五价元素（如砷，As）可形成 N 型半导体。五价原子有 5 个价电子，其中 4 个价电子用于与硅原子形成共价键，多出的第 5 个价电子则成为自由电子。这些自由电子作为**多数载流子**负责主要的电流传导，而空穴作为**少数载流子**参与导电。掺杂了更多自由电子的半导体因其载流子以自由电子为主，故称为 **N 型半导体**。

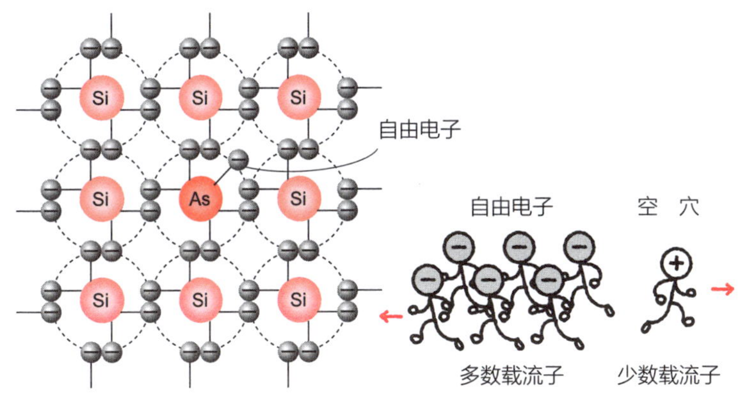

▲ 杂质半导体（N 型半导体）

杂质的名称

- **受主**（acceptor）杂质：用于制造 P 型半导体，如硼（B）、镓（Ga）、铟（In）等，其原子通常具有 3 个价电子。
- **施主**（donor）杂质：用于制造 N 型半导体，如砷（As）、磷（P）、锑（Sb）等，其原子通常具有 5 个价电子。

第21讲 二极管的工作原理

半导体元件 ///

☑耗尽层 ☑整流作用 ☑齐纳电压

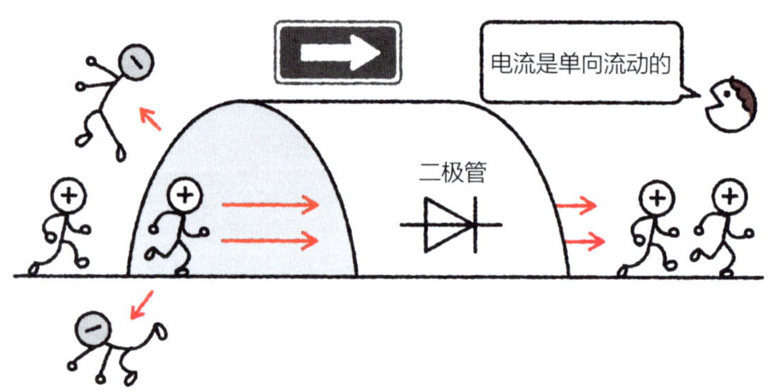

两种杂质半导体组成 PN 结

二极管是由两种不同类型的杂质半导体——**P 型半导体**和 **N 型半导体**——组合形成的 **PN 结**。其中，P 型半导体一侧的电极称为阳极（A），N 型半导体一侧的电极称为**阴极**（K）。

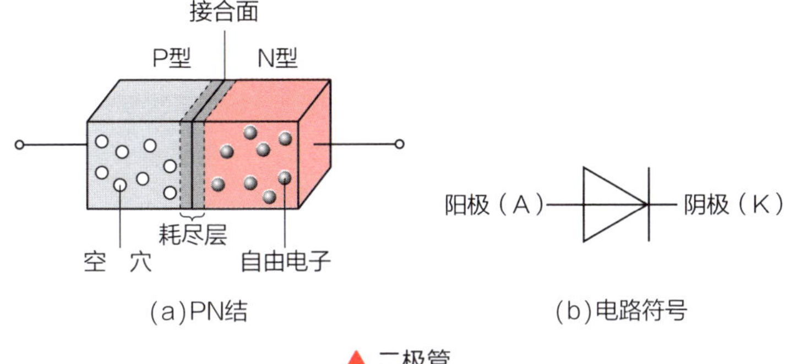

(a)PN结　　(b)电路符号

▲ 二极管

正向电压和正向电流

P 型半导体中的多数载流子是**空穴**，N 型半导体中的多数载流子是**自由电子**。在 PN 结的接合面附近，带正电荷的空穴与带负电荷的自由电子结合，就形成了一个既没有空穴也没有自由电子的区域——**耗尽层**。

我们将二极管的阳极接电源正极（+），阴极接电源负极（-），即施加**正向电压**。

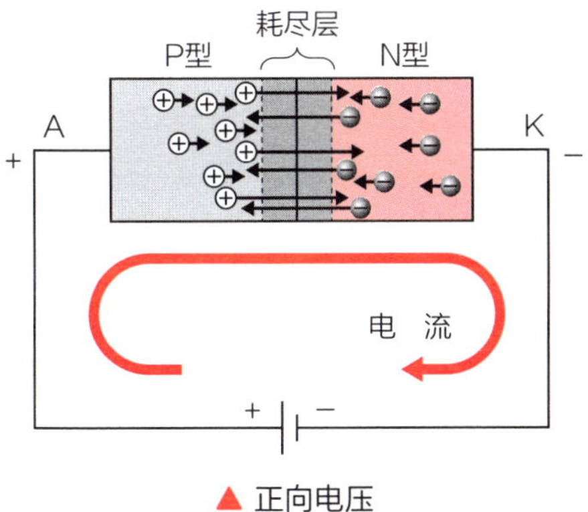

▲ 正向电压

阳极的正电荷会排斥P型半导体中的空穴，使之越过耗尽层进入N型半导体，与自由电子重新结合。同时，阴极的负电荷会排斥N型半导体中的自由电子，使其越过耗尽层进入P型半导体，与空穴重新结合。这种多数载流子的移动会在二极管内部产生从阳极流向阴极的电流，即**正向电流**。

反向电压和反向电流

反过来，将二极管的阳极接电源负极，阴极接电源正极，即施加**反向电压**。

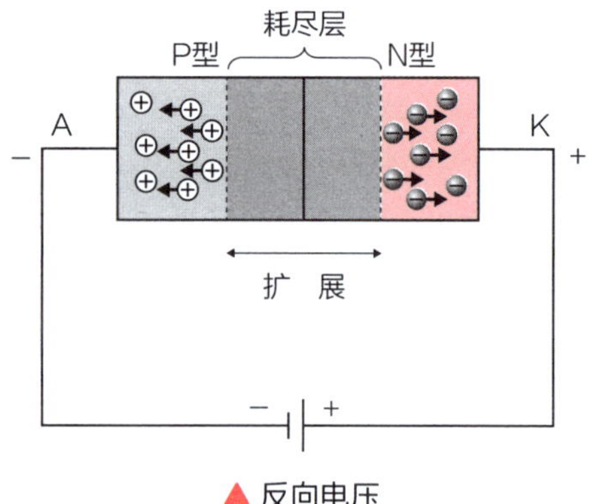

▲ 反向电压

这种情况下，P型半导体中的空穴被负电压吸引向阳极方向移动，而N型半导体中的自由电子被正电压吸引向阴极方向移动。这会使耗尽层变宽，多数载流子无法越过耗尽层，因此不会产生明显电流。然而，由于少数载流子（P型半导体中的自由电子和N型半导体中的空穴）的存在，仍会产生极小的**反向电流**——通常可忽略不计。

二极管具有单向导电性，即只允许电流在一个方向上流动（**整流作用**）。

- **正向电压**：有电流流动。
- **反向电压**：电流几乎不流动。

电压逐渐增大时二极管的特性

当**正向电压**从 0V 开始逐渐增大时，起初正向电流极小（①），因为多数载流子无法克服耗尽层的势垒越过耗尽层。当正向电压达到某一临界值（硅二极管约为 0.6V，锗二极管约为 0.3V）时，载流子获得足够能量越过耗尽层，产生明显的正向电流。此时，二极管的正向电流会迅速增大。

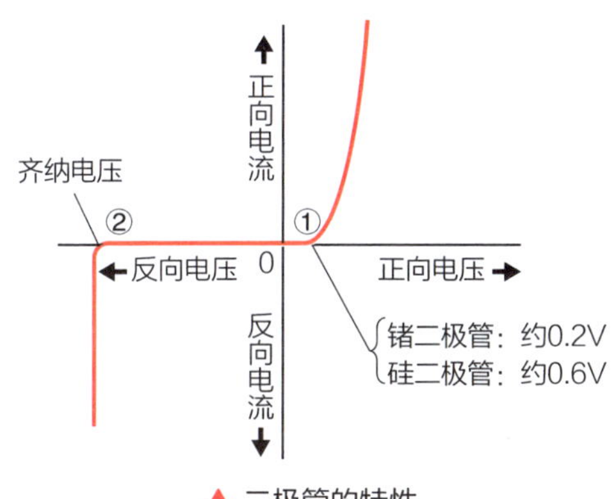

▲ 二极管的特性

当**反向电压**开始逐渐增大时，反向电流基本为零。然而，在达到某一临界电压——**齐纳电压**后，由于量子隧穿效应或雪崩击穿效应，反向电流突然急剧增大。普通整流二极管应避免工作电压超过齐纳电压，否则会导致二极管损坏。而在某些特定应用中，如齐纳二极管，此特性可以被利用。

第22讲 二极管的作用

半导体元件 ///　☑整流　☑检波　☑解调

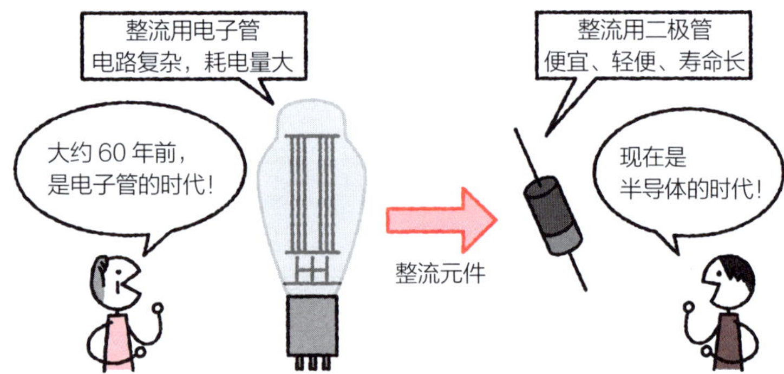

整流与检波

二极管有多种类型和用途。在此，主要介绍用于整流和检波的二极管。

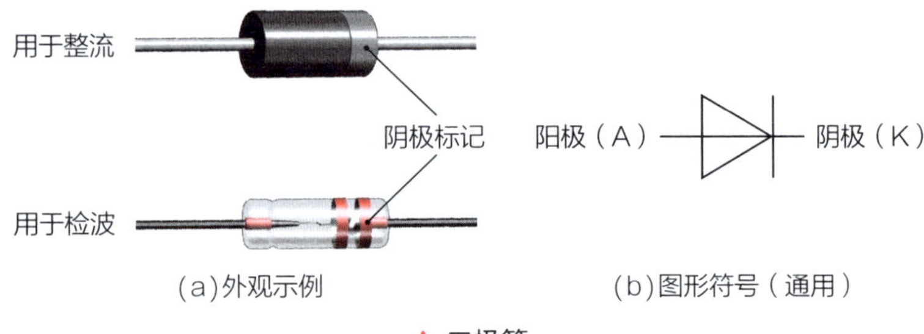

(a)外观示例　(b)图形符号（通用）

▲ 二极管

- **整流**：将交流电转换为直流电。
- **检波**：从高频信号中提取低频信号。

整流二极管

例如，家庭的电源插座提供的是交流电，而个人计算机使用直流电工作。因此，来自电源插座的交流电需要转换为直流电，即**整流**。

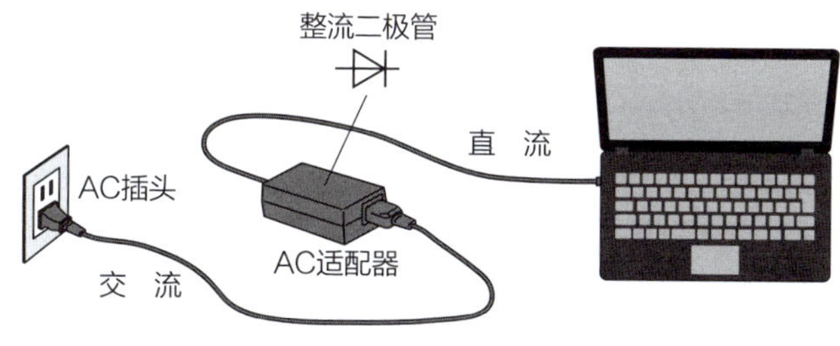

▲ 需要整流的例子

在这个例子中，AC 适配器中的整流二极管发挥了重要作用。除了整流功能，AC 适配器还负责改变电压（即**变压**）。关于整流电路的详细内容将在第 4 章中介绍。

检波二极管

在无线电广播中，声音信号被调制到载波上进行传输。收听广播时，收音机需要从接收到的载波中提取音频信号。载波为高频信号，而音频信号为低频信号。从高频信号中提取低频信号的过程被称为**检波**或**解调**。检波二极管正是用于完成这一任务的。常用的检波二极管是**点接触二极管**。有关检波电路的详细内容将在第 4 章中介绍。

第23讲 其他类型的二极管

半导体元件 /// ☑击穿现象 ☑平行板电容器 ☑耗尽层宽度

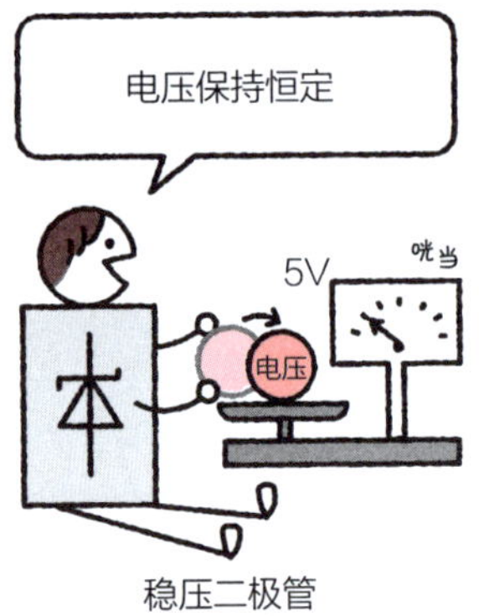

稳压二极管

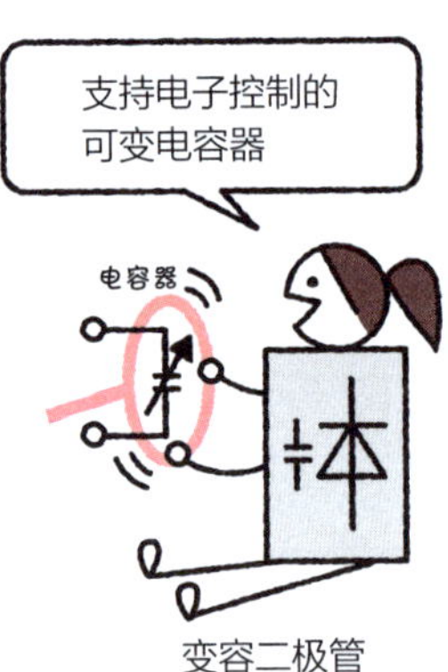

变容二极管

稳压二极管与变容二极管

除了整流和检波功能，二极管还有许多其他用途。

- **稳压二极管**：利用半导体 PN 结反向击穿特性实现电压稳定，也称为**齐纳二极管**。

- **变容二极管**：利用 PN 结电容效应实现电压控制，也称为**变容二极管**。

稳压二极管

回顾一下二极管的特性（参见第 21 讲）。当施加在二极管上的**反向电压**从 0V 开始逐渐增大时，起初并不会产生反向电流。当反向电压达到某个特定值时，反向电流会突然增大。这种现象被称为**击穿**，此时的电压被称为**齐纳电压**（或**击穿电压**）。

在击穿状态下，二极管中产生大量的反向电流。即使此时电流的大小发生变化，齐纳电压也会保持稳定。稳压二极管就是利用这一特性设计的，能够在保持一定电压的同时允许电流流动。

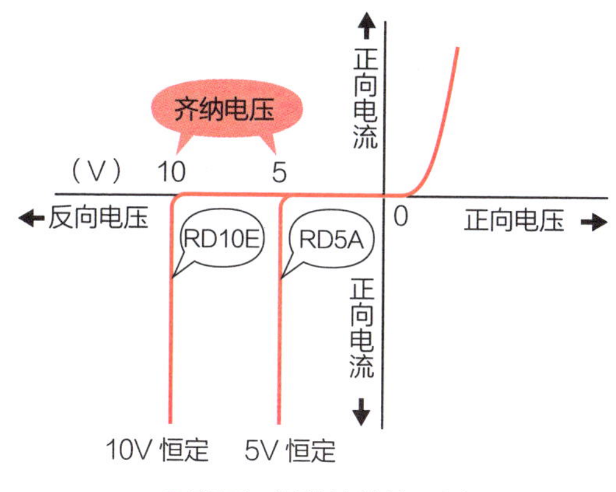

▲ 稳压二极管的特性示例

例如，型号为 RD5A 的稳压二极管能够在保持 5V 电压的同时，允许通过较大的电流。

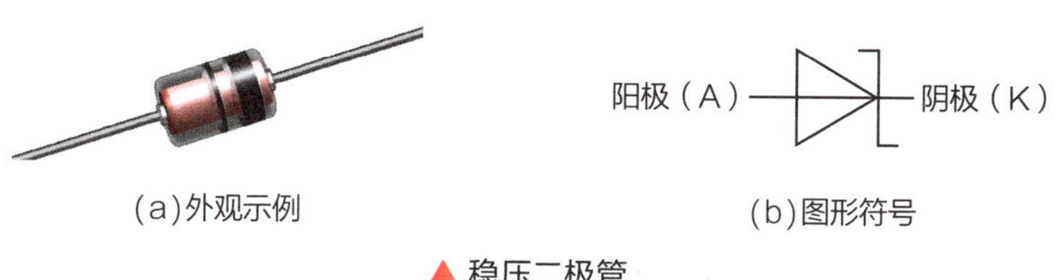

(a)外观示例　　(b)图形符号

▲ 稳压二极管

变容二极管

电容器能够储存电能，并阻止直流或低频交流的通过（参见第 16 讲）。电容器的基本形式是**平行板电容器**，由两块平行放置的金属板构成，电能就储存在两板金属板之间。

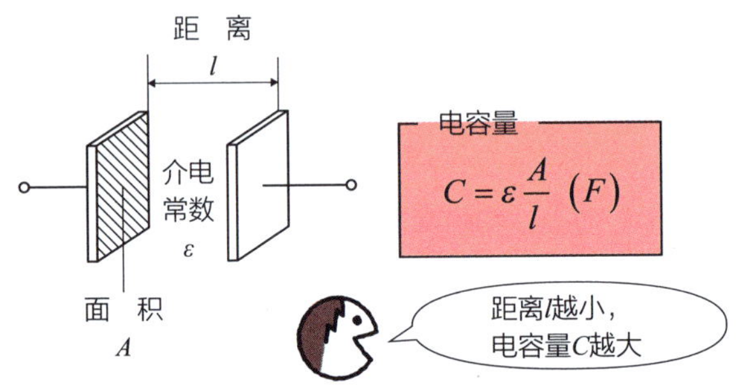

▲ 平行板电容器的结构

平行板电容器的电容量 C（F）由金属板的面积 A（m^2）、金属板之间的距离 l（m）和介电常数 ε（F/m）决定。介电常数取决于金属板之间的介质。需要注意的是，电容量与金属板之间的距离密切相关。

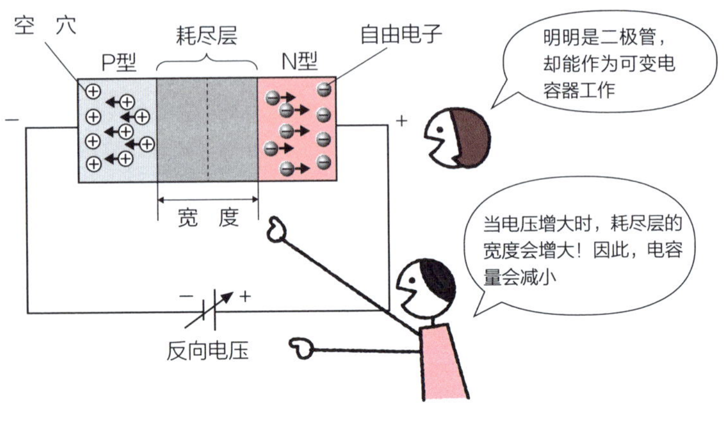

▲ 控制耗尽层的宽度

再回顾一下二极管的特性（参见第 21 讲）。对 PN 结施加反向电压时，P 型半导体中的多数载流子（空穴）和 N 型半导体中的多数载流子（自由电子）分别向各自的电极侧移动，导致接合面处耗尽层的宽度增大。此时，可以将 PN 结的**耗尽层**视为平行板电容器两块金属板之间的区域。因此，施加了反向电压的 PN 结就可以被认为具有电容器的特性。

平行板电容器的电容量随电极间的距离变化。而 PN 结的耗尽层宽度会随着施加的反向电压增大。换句话说，通过调整反向电压的大小，可以控制耗尽层的宽度（即电极距离）。因此，通过调节反向电压，可以将 PN 结当作一个电容量可变的电容器来使用。这就是变容二极管的工作原理。变容二极管作为一种能够通过电信号控制电容量的便捷电子元件被广泛应用。

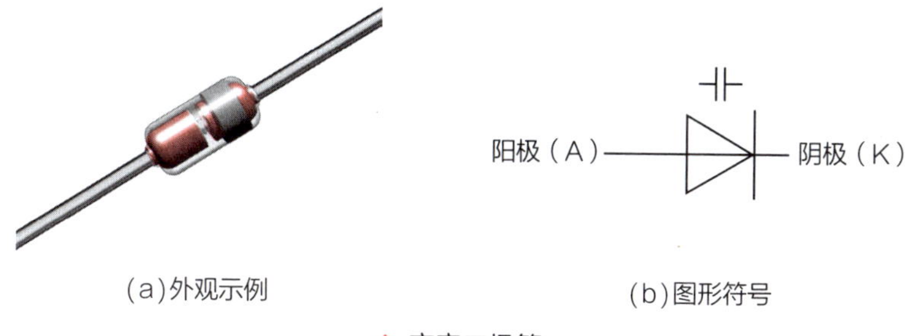

(a)外观示例　　(b)图形符号

▲ 变容二极管

第24讲 改变掺杂成分实现发光的LED

半导体元件 /// ☑砷化镓 ☑磷化镓 ☑蓝光LED

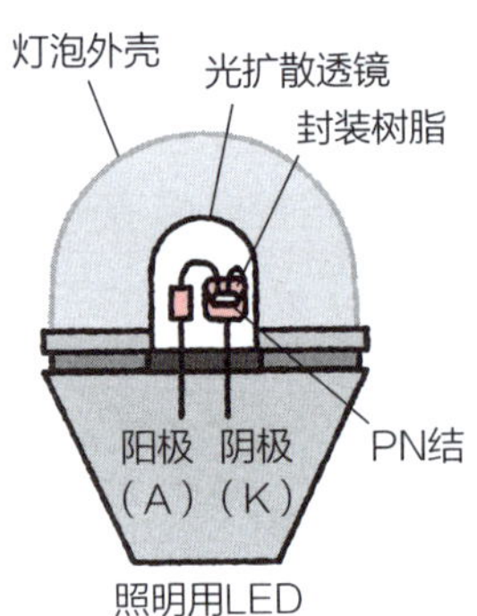

发光的半导体

采用砷化镓（GaAs）或磷化镓（GaP）等半导体材料代替硅（Si）或锗（Ge）制成的PN结，在正向电流通过时会发光。根据所用的半导体材料，发光的颜色会有所区别。例如，砷化镓（GaAs）能够发红光，磷化镓（GaP）可以发绿光，而氮化铟镓（InGaN）可以发蓝光。利用这一原理制成的电子元件被称为**发光二极管**（light emitting diode，LED）。

曾几何时，**蓝光LED**被认为是不可能实现的，但在1993年，日本科学家成功开发出了高亮度蓝光LED。这一成就使得赤崎勇、天野浩和中村修二在 2014 年获得了诺贝尔物理学奖。蓝光 LED 技术还被应用于蓝光激光器，广泛用于蓝光（Blu-ray）播放器等设备（参见第 59 讲）。

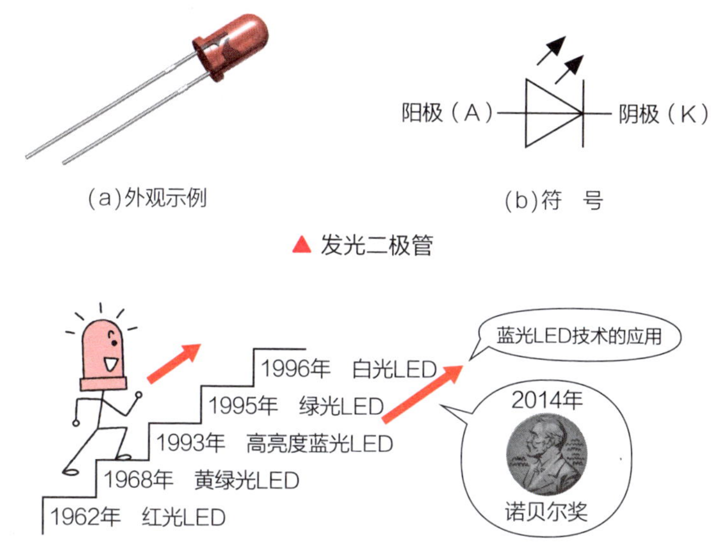

▲ 发光二极管

▲ 发光二极管开发的历史

LED 的特点

LED 被广泛应用于指示灯、交通信号灯和照明设备等多个领域。与传统的白炽灯和荧光灯相比，LED 具有寿命长、功耗低等优点。LED 的寿命主要受覆盖 PN 结的树脂老化影响，采用硅系树脂的 LED 寿命可达到白炽灯泡的 40 倍左右。

目前，尽管 LED 产品的价格相比荧光灯略高，但由于其诸多优势，LED 照明正在迅速普及。作为照明设备，白光 LED 最为常见，但高性能的白光 LED 仍在不断开发中——通常通过组合红、绿、蓝三种颜色的 LED 来实现。

第25讲 三极管中的电子在做什么？

半导体元件 ///　☑发射极　☑集电极　☑基极

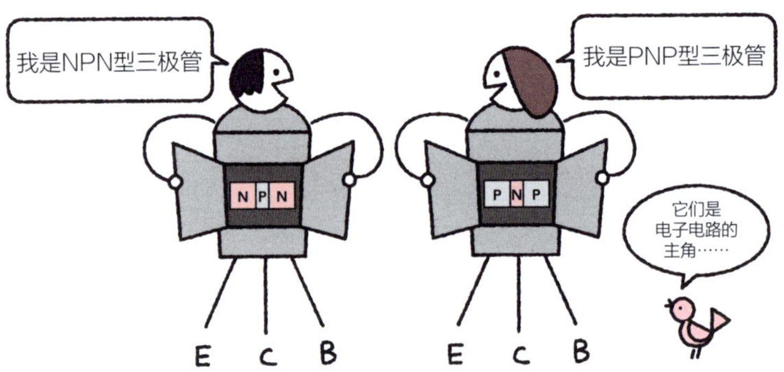

三层结构的三极管

将 **P 型半导体**和 **N 型半导体**像三明治一样叠起来，可以形成三层结构的电子元件——**三极管**。三极管有三个电极：**发射极（E）**、**集电极（C）**和**基极（B）**。

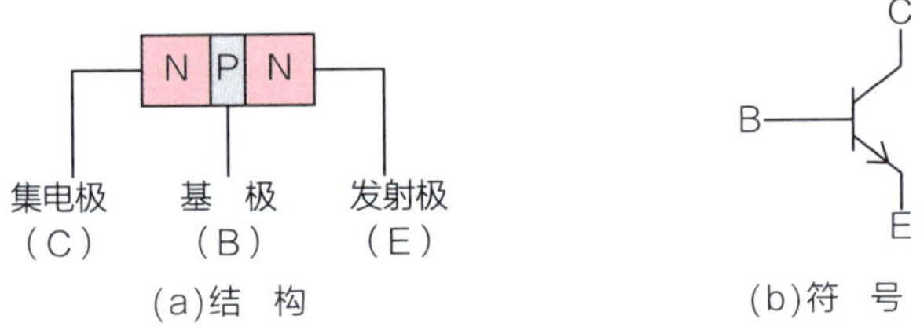

▲ NPN 型三极管

当三极管连接两个电源 E_1 和 E_2 时，发射极侧 N 型半导体中的多数载流子——自由电子会经历以下①～③的过程。

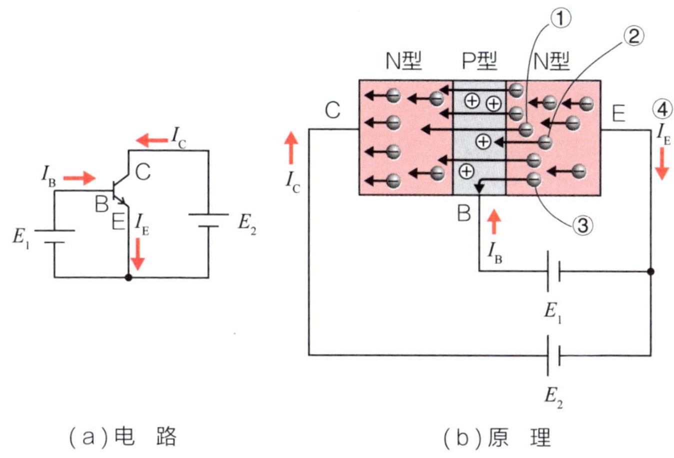

（a）电　路　　（b）原　理

▲ 三极管的工作原理

① 大多数自由电子穿过非常薄的 P 型半导体区域，到达集电极侧 N 型半导体，形成**集电极电流** I_C。

② 部分自由电子会与 P 型半导体中的空穴结合并消失。

③ 部分自由电子会被连接到 P 型半导体的基极所吸收，形成**基极电流** I_B。

④ 集电极电流 I_C 和基极电流 I_B 之和等于**发射极电流** I_E。

从这些行为中，我们可以得出以下结论。

- I_C 与 I_B 的关系：$I_C \gg I_B$（由①和③得出）。
- I_C、I_B 和 I_E 的关系：$I_E = I_C + I_B$（由④得出）。

NPN 型和 PNP 型

三极管是通过自由电子和空穴这两种载流子的作用来工作的，因此也称为**双极（bipolar）型晶体管**。其中，“双”（bi）代表两个，“极”（polar）表示极性。与此相对，场效应管（FET）（参见第 27 节）被称为**单极（unipolar）型晶体管**。“单”（uni）即指单一极性。

NPN 型三极管由 N 型—P 型—N 型杂质半导体构成，而**PNP 型**三极管由 P 型—N 型—P 型杂质半导体构成。

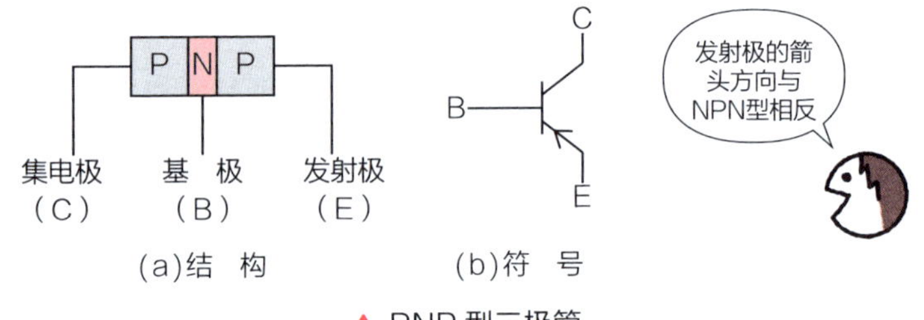

▲ PNP 型三极管

PNP 型三极管的工作原理与 NPN 型类似，可以考虑将自由电子和空穴的角色互换，同时接入的两个电源 E_1 和 E_2 的极性也要反转。这时，各电极上流动的电流 I_C、I_B 和 I_E 的方向也会完全相反。

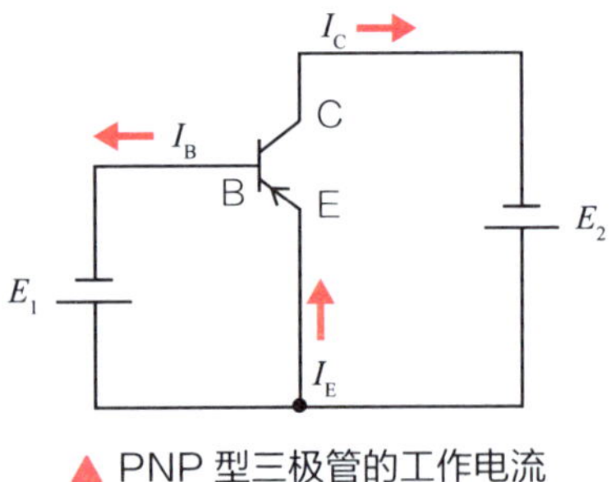

▲ PNP 型三极管的工作电流

市面上的三极管

市售的三极管通常标注有明确的型号，如 2SC1815A 等。

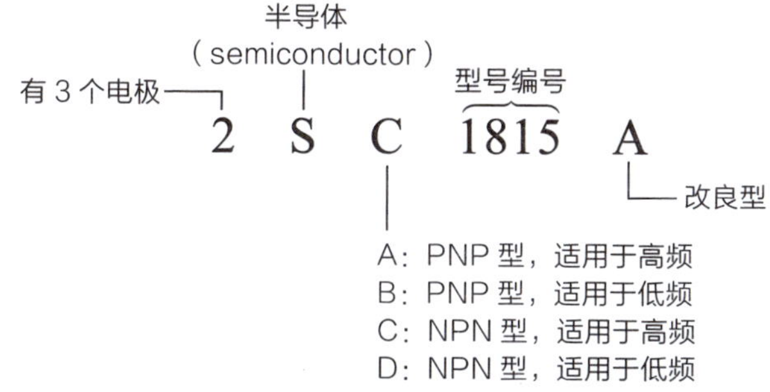

▲ 三极管型号示例

三极管有多种封装形式，不同产品中哪些电极（引脚）对应发射极、集电极和基极可能会有所不同。为了确认电极功能，需要查阅规格表。

▲ 三极管外观示例

三极管的发明

三极管于 1948 年由美国贝尔实验室的肖克利博士等人发明。早期用于放大电信号的是真空管。然而，三极管以其小型、低功耗和长寿命等优点，推动了电子电路领域的飞跃发展。肖克利博士等人因此于 1956 年获得了诺贝尔物理学奖。

第26讲 了解三极管的作用

半导体元件 /// ☑放大作用 ☑开关作用 ☑线性区 ☑饱和区

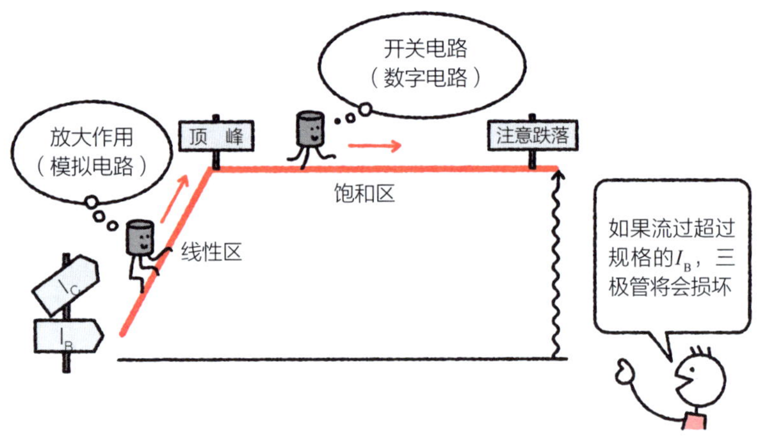

放大作用与开关作用

三极管的主要作用是**放大**和**开关**。让我们来看看当三极管连接电源并逐渐增大**基极电流** I_B 时，**集电极电流** I_C 是如何变化的。

当基极电流 I_B 从 0 开始逐渐增大时，集电极电流 I_C 也随之增大。这种关系有效的范围被称为**线性区**（或比例区）。在线性区，I_B 可视为输入电流，I_C 则是输出电流。在这个例子中，I_B 的单位是微安（μA），而 I_C 的单位是毫安（mA），两者的单位相差 1000 倍（$I_B \ll I_C$）。这意味着即使输入电流 I_B 略微增大，

输出电流 I_C 也会显著增大。这就是三极管的**放大作用**。此外，I_C 相对于 I_B 变化的比值被称作**电流放大倍数（h_{fe}）**。

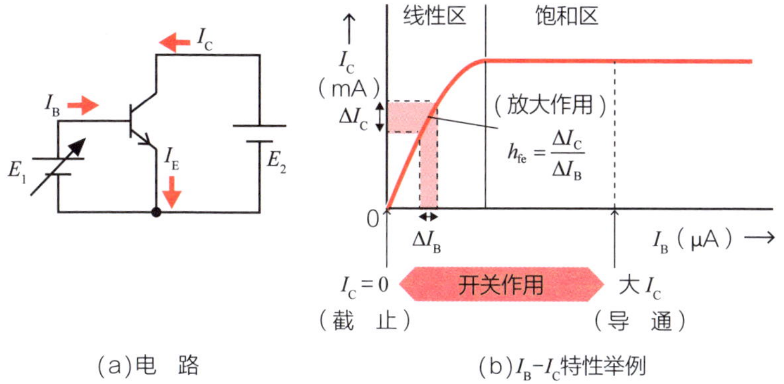

(a)电　路　　(b) I_B-I_C 特性举例

▲ 三极管的特性

当基极电流 I_B 进一步增大，超出线性区后，集电极电流 I_C 将不再变化，而是保持在一个恒定值，这个范围被称为**饱和区**。在饱和区，存在如下关系。

- **没有 I_B 流过时，I_C 不流动（$I_C=0$）**。
- **有 I_B 流过时，I_C 达到一个恒定的大电流**。

这种关系表明，通过控制小电流 I_B，可以决定大电流 I_C。换句话说，基极电流 I_B 可以被视为控制集电极与发射极之间电流的开关。这就是三极管的**开关作用**。利用这一作用，可以实现比机械开关更快、更可靠的电子开关。

放大作用主要用于**模拟电路**，而开关作用主要用于**数字电路**。

第27讲 场效应管（FET）是如何工作的？

半导体元件 ///　☑源极　☑漏极　☑栅极

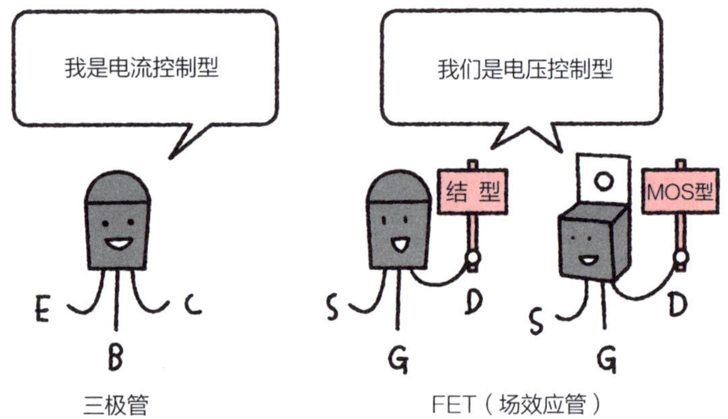

三极管　　FET（场效应管）

替代三极管的场效应管

场效应管（field-effect transistor，**FET**）是一种主动元件（有源元件）。

由于其低功耗、抗噪声等优越性能，现代 FET 已被广泛应用于各种电子电路中，并正在逐步取代传统的三极管（参见第 25 讲）。根据结构，FET 可分为结型 FET 和 MOS 型 FET。无论是哪种，FET 都有**源极（S）**、**漏极（D）**和**栅极（G）**。

结型 FET

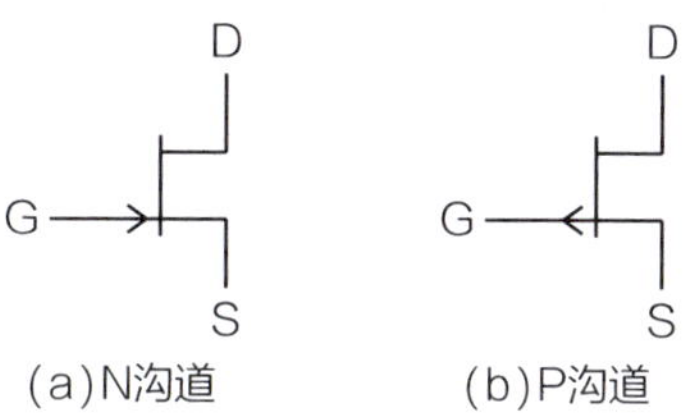

▲ 结型 FET 的符号

当结型 FET 连接两个电源 E_1 和 E_2 时，通过在栅极和源极之间施加反向电压 E_1，可在 PN 结处形成耗尽层。

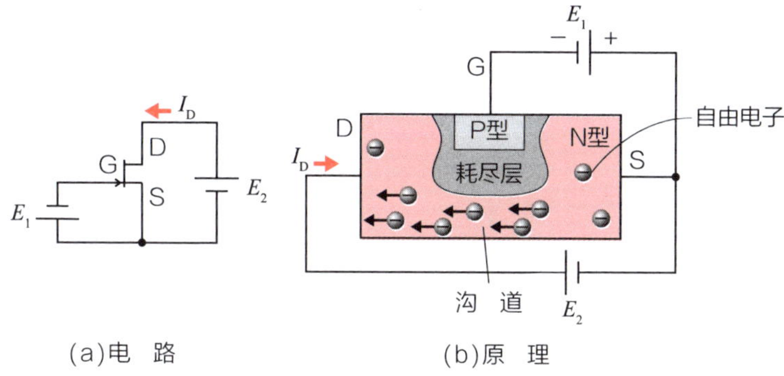

▲ 结型 FET（N 沟道）的工作原理

在漏极和源极之间，N 型半导体中的多数载流子（即自由电子）通过未被耗尽层覆盖的区域流向漏极，从而形成**漏极电流** I_D。载流子的流动路径被称为**沟道**。耗尽层的尺寸由栅极所施加的反向电压 E_1 决定。因此，通过调节栅极电压的大小，可以有效控制漏极电流。

由于栅极施加的是反向电压，几乎没有栅极电流流动。这意味着输入电阻非常高，这是结型 FET 的一个重要优点。

与传统的三极管（通过基极电流控制集电极电流的**电流控制型**元件）相比，FET 是一种利用栅极电压控制漏极电流的**电压控制型**元件。此外，由于漏极电流仅由一种多数载流子流动形成（N 沟道中为自由电子），FET 也被称为**单极型晶体管**。

对于 P 沟道结型 FET，只需将 N 沟道中的 N 型半导体和 P 型半导体互换，并反转电源 E_1 和 E_2 的极性。此时，漏极电流 I_D 的方向也会相反。

MOS 型 FET

MOS（metal-oxide-semiconductor，金属氧化物半导体）型 FET 在半导体表面覆盖了一层氧化物作为绝缘层，具有更低的功耗和更适合集成电路（IC）的优点，因此被广泛应用。

▲ MOS 型 FET 的符号（增强型）

当 MOS 型 FET（N 沟道）连接两个电源 E_1 和 E_2 时，在栅极上施加正电压会吸引 P 型半导体中的少数载流子（自由电子）在半导体表面形成**沟道**。通过这个沟道，漏极和源极之间会形成**漏极电流** I_D。与结型 FET 类似，MOS 型 FET 也可以利用栅极电压来控制漏极电流。

这里介绍的是增强型 MOS 型 FET（常见于实际应用中）。与之相对，耗尽型 MOS 型 FET 在制造时沟道已经形成，即使在负栅极电压下也能工作（参见第 28 讲）。

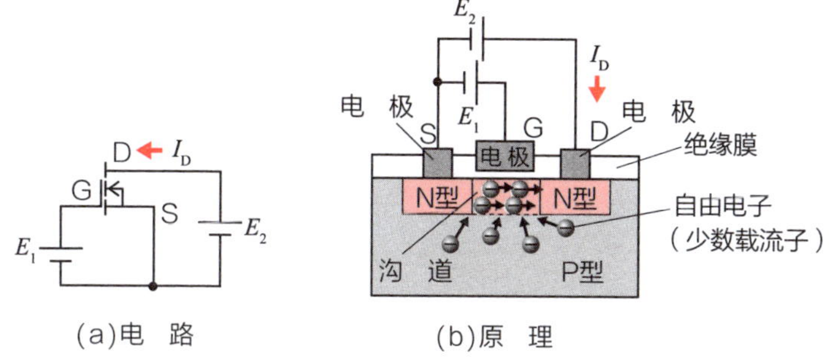

▲ MOS 型 FET（N 沟道）的工作原理

市面上的 FET

市售的 FET 通常标有型号，如 2SK2232A。

▲ FET 的型号示例

FET 具有多种封装形式，不同产品的电极（引脚）对应源极、漏极和栅极的排列可能有所不同。为了确认电极功能，需要查阅具体产品的规格表。

▲ FET 外观示例

第28讲 FET有哪些特点？

半导体元件 /// ☑阻抗匹配 ☑耗尽型 ☑增强型 ☑芯片式

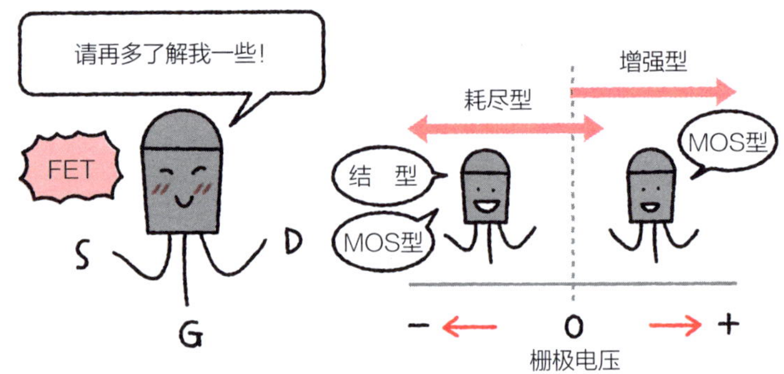

FET 的阻抗

FET 主要起**放大作用**和**开关作用**，与传统的双极型晶体管相似。然而，FET 在输入和输出**阻抗**方面展现了显著的优势。阻抗是交流信号通过电路或元件时所遇电阻的综合值，单位为欧姆（Ω）。

假设将结型 FET（N 沟道）的输入端连接到电路 A。为了使电能高效且无损耗地从电路 A 传递到 FET，理想情况下应使电路 A 的输出阻抗和 FET 的输入阻抗相匹配——这被称为**阻抗匹配**。

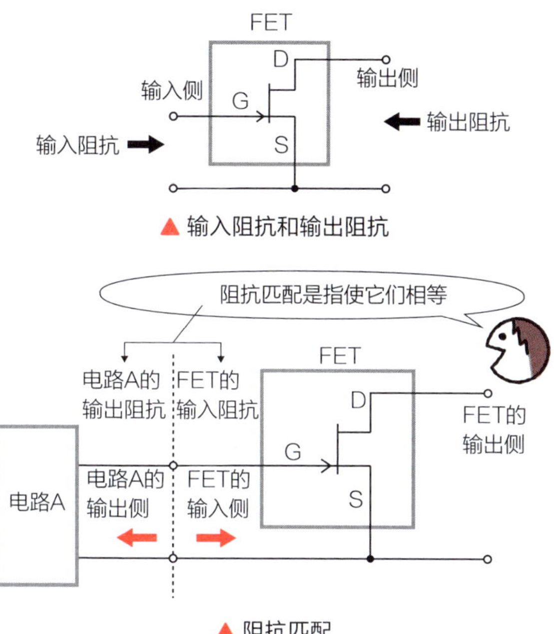

▲ 输入阻抗和输出阻抗

▲ 阻抗匹配

高频电路与低频电路的阻抗匹配

高频电路的能量损失较大，因此阻抗匹配尤为重要。例如，电视天线电缆的阻抗通常标定为 75Ω 或 300Ω。然而，阻抗匹配的设计相对复杂，因此在能量损失较小的低频电路中，通常简化处理，将输入阻抗设计得较高、输出阻抗设计得较低，以提高整体效率。

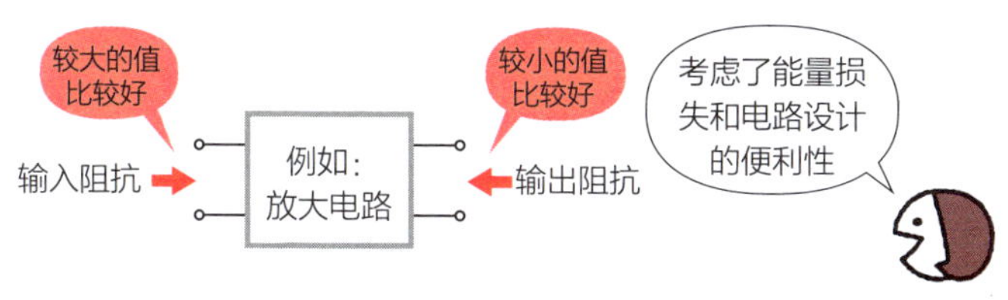

▲ 低频电路的阻抗考虑

FET 的输入阻抗远高于双极型晶体管，这是其显著优点之一。这种高输入阻抗使得 FET 在许多应用场景中更受欢迎。

耗尽型和增强型

FET 根据施加在栅极上的电压可以分为以下两种类型。

- **耗尽型**：对于结型 FET（N 沟道），向栅极施加负电压（参见第 27 讲）；对于 MOS 型 FET，既可向栅极施加负电压，也可施加正电压。

- **增强型**：在 MOS 型 FET（N 沟道）的栅极施加正电压形成沟道，进而控制漏极电流。

※ 对于 P 沟道 FET，施加电压的极性与 N 沟道相反。

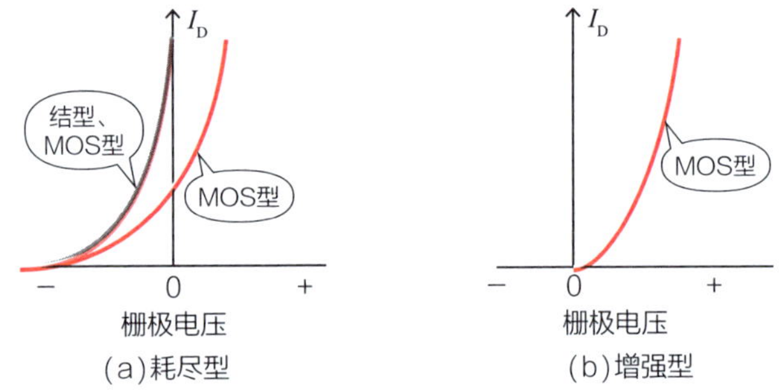

▲ FET（N 沟道）的栅极电压 – 漏极电流特性示例

结型 FET 只有耗尽型，而 MOS 型 FET 既有耗尽型也有增强型，可以通过符号来区分。

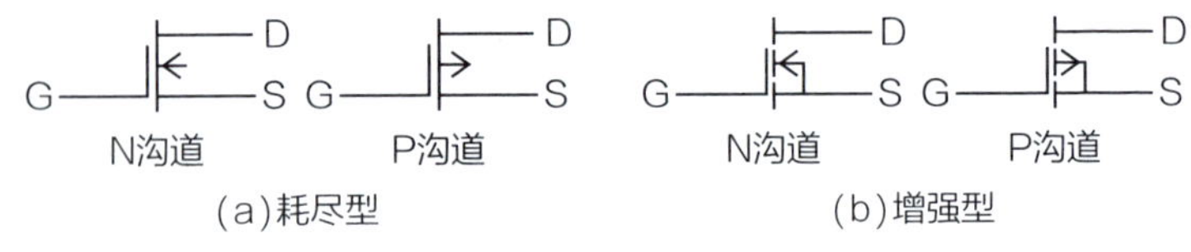

▲ MOS 型 FET 的符号

小　结

FET（单极型晶体管）与传统的双极型晶体管在许多方面有所不同。

- 双极型晶体管依靠少数载流子和多数载流子的移动工作，而 FET 仅依赖多数载流子的移动。
- 双极型晶体管是电流控制型元件，而 FET 是电压控制型元件。
- FET 具有高输入阻抗和低功耗的特点，更适合集成电路和低功耗应用。

随着集成电路（IC）化和电子元件小型化的不断发展，就连分立元件（如电阻和电容）也越来越多地采用**芯片式**封装。此外，FET 在作为单独元件使用时，也逐渐采用芯片型封装，便于直接安装在电路板上。

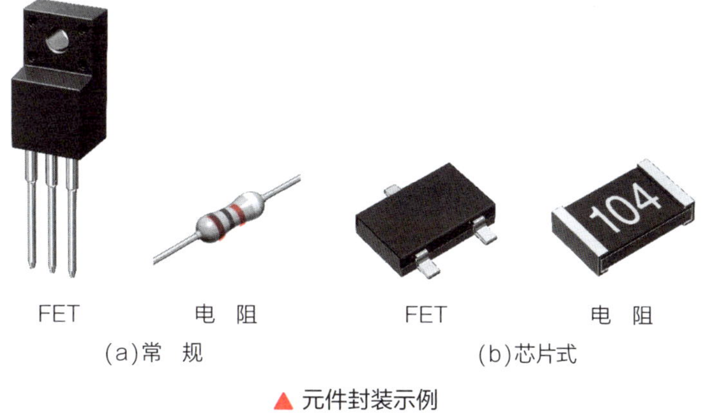

▲ 元件封装示例

第29讲 二极管 + 开关 = 晶闸管？

半导体元件 /// ☑SCR ☑GTO ☑晶闸管

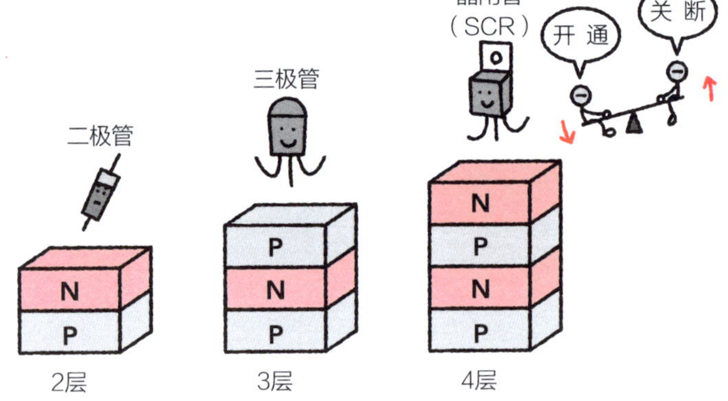

晶闸管的作用

晶闸管是一类兼备二极管特性和开关功能的电子元件，广泛应用于电力电子领域。根据用途和结构的不同，晶闸管包含以下类型。

- **SCR**：单向逆阻三端晶闸管。
- **GTO**：单向门控可关断晶闸管。
- **双向可控硅**：双向导通三端晶闸管。

SCR 的工作原理

SCR 是晶闸管的典型代表。它有三个电极：**阳极（A）**、**阴极（K）**和**门极（G）**。

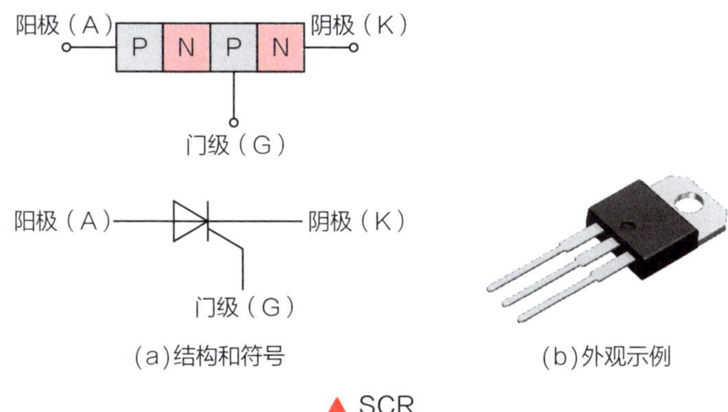

（a）结构和符号　　（b）外观示例

▲ SCR

如果仅在 SCR 的阳极和阴极之间施加正向电压 V，但门极电流 $I_G=0$，则不会产生正向电流 I。

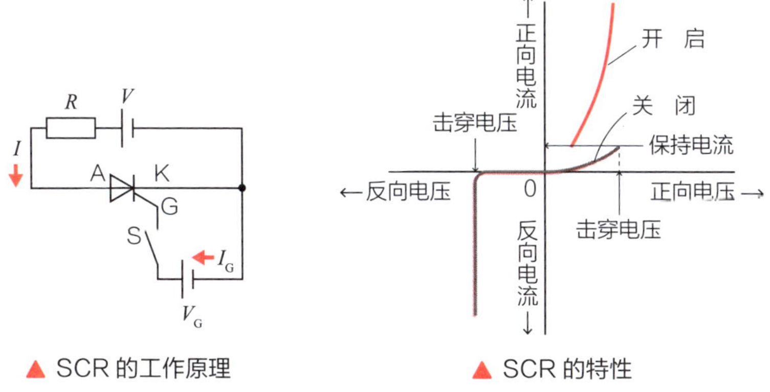

▲ SCR 的工作原理　　▲ SCR 的特性

但是，当开关 S 闭合，门极（G）产生电流 I_G 时，正向电流 I 开始流动，晶闸管**导通**。一旦 SCR 导通，即使关断开关 S，

使门极电流 $I_G=0$，正向电流 I 仍会保持流动，但前提是电路中的正向电流 I 必须大于维持电流的阈值。

要使 SCR 恢复**截止**状态，可以施加反向电压，或者使正向电流 I 下降到小于维持电流的值。

即使门极电流 $I_G=0$，如果施加在阳极与阴极之间的正向电压 V 增大到一定值，SCR 会被**击穿**并导通。在阳极与阴极之间施加反向电压时，SCR 表现出类似于普通二极管的特性，不导通，且能阻挡反向电流。

控制 SCR 的导通与截止的电路被称为**换流电路**。

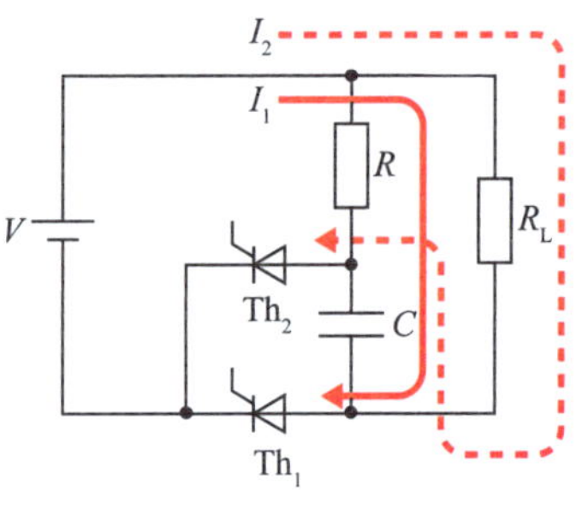

▲ 换流电路示例

◆ 换流电路的工作原理示例

① Th_1 导通，电流 I_1 流动，电容 C 开始充电。

② Th_2 导通，电容 C 放电，在 Th_1 两端形成反向电压，从而使 Th_1 截止。

③ Th_1 截止后，电流 I_2 开始流动，电容 C 被反向充电。

④ Th_1 再次导通，电容 C 放电，在 Th_2 两端形成反向电压，从而使 Th_2 截止。

通过上述过程，两个晶闸管可以交替导通与截止。

如果在阳极（A）和阴极（K）之间施加交流电压，那么在门极电流 $I_G = 0$ 之后，SCR 在交流半周期的反向电压作用下会自动关断，无需换流电路。

GTO

GTO 在结构上类似于 SCR，但通过反向施加门极电流（即改变门极电流的极性）可直接关断，不需要额外的换流电路，这降低了电路系统的复杂程度。

GTO 被广泛用于需要高可靠性和高效关断能力的高电压及大功率应用场景中。

双向可控硅

双向可控硅是一种特殊设计的晶闸管，结构上类似于两个 SCR 反向并联。

- 双向导通：可以同时控制交流电流的两个方向，在正负半周都能导通。
- 三端控制：可以通过栅极（G）引脚控制交流电流的通断。

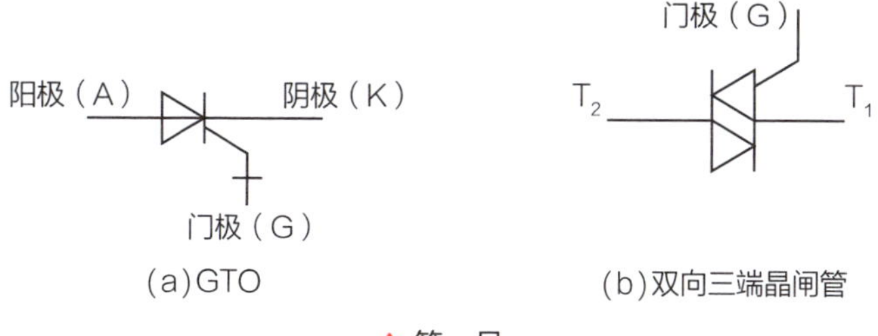

▲符　号

双向可控硅因其能够双向控制交流电流而被广泛应用于调光、电机调速、交流电力控制以及逆变电路等场景。

第30讲 IC是超级方便的电子元件

实用元件 /// ☑模拟电路 ☑数字电路 ☑制造流程

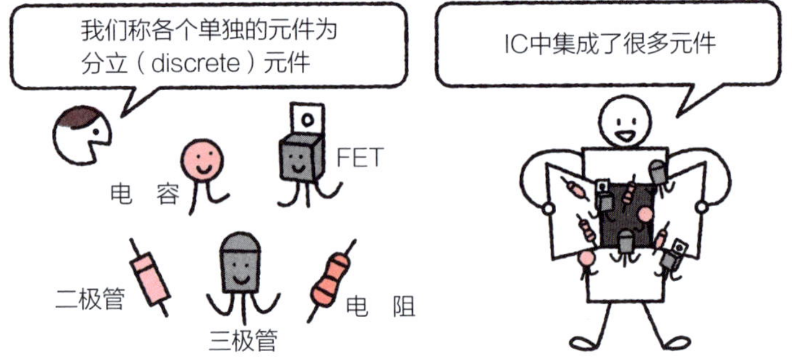

集成电路（IC）的基本特点

IC（integrated circuit，集成电路）是一种将大量电子元件，如三极管、场效应管（FET）、电阻、电容等，集成在硅基板上的半导体元件。根据集成元件的数量（集成规模），IC可以分为LSI（large scale IC，大规模集成电路）、VLSI（very large scale IC，超大规模集成电路）和ULSI（ultra large scale IC，特大规模集成电路）。IC的基本特点如下。

① 体积小，可靠性高。

② 功耗低，运行速度快。

③ 内部元件（如三极管和FET）特性一致性高。

④ 可简化电子电路的设计。

两种类型的 IC

- **模拟 IC**：用于处理模拟信号，如运算放大器、音频放大 IC、稳压电源 IC 等。
- **数字 IC**：用于处理数字信号，如逻辑电路 IC、数字信号处理器（DSP）、中央处理器（CPU）、存储器等。

模拟 IC 示例：稳压电源 IC

例如，TA4805S 可以将输入的直流电压（6 ~ 12V）转换为稳定的 5V 输出。

这种 IC 具有三个引脚，因此也被称为三端稳压器。

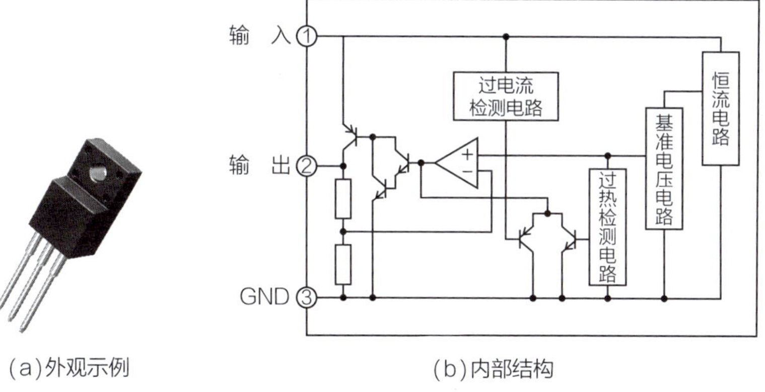

(a)外观示例 (b)内部结构

▲ 稳压电源 IC 示例

数字 IC 示例：逻辑电路 IC

例如，TC74HC00AP 内部集成了 4 个与非门（NAND）。与非门是一种基础逻辑器件，用于处理数字信号（参见第 48 讲）。

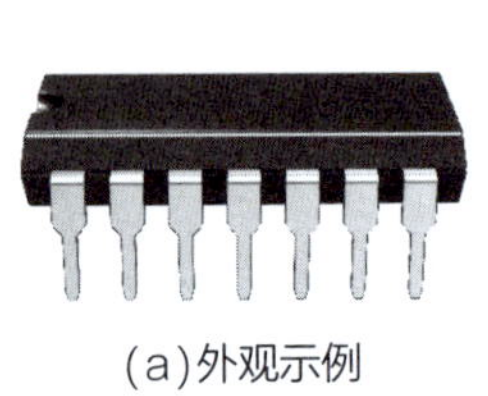

(a)外观示例

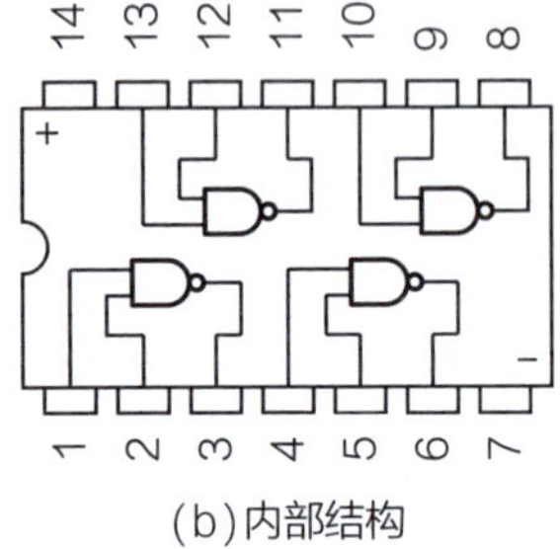

(b)内部结构

▲ 逻辑电路 IC 示例

IC 的制造流程

IC 制造是一个高精度且十分复杂的过程，主要步骤以下。

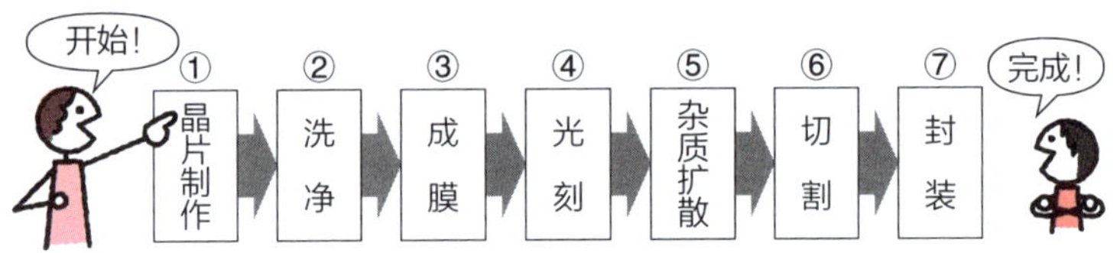

▲ IC 的制造流程

❶ 晶片制作

使用高纯度硅材料制作圆形基板——俗称“晶圆”。例如，当每个 IC 芯片边长为 10mm 时，从一块直径 300mm 的晶片中可切割出约 650 个芯片。

❷ 清　洗

对晶片进行彻底清洗，以去除灰尘和杂质。

❸ 成　膜

在晶片表面形成功能性薄膜，常见的薄膜包括多晶硅膜（用于制作电极）、金属膜（如铝或铜，用于电路布线）、绝缘膜（如二氧化硅或氮化硅，用于隔离和绝缘）。

❹ 光　刻

利用光刻（photolithography）技术，在晶片表面形成微小的电路图形。

此过程类似于在硅基板上“印刷”复杂的电路图，通过紫外光和光掩膜将电路图形转印到晶片表面。

❺ 杂质扩散（掺杂）

在晶片表面掺入杂质，如硼（B）和磷（P），用于调整半导体材料的电导性，制作 P 型或 N 型半导体区域。此过程一般通过扩散或离子注入的方式实现。

❻ 切割与键合

将晶片切割成独立的 IC 芯片，每个芯片通过切割工艺（如激光切割或金刚石线切割）从晶片中分离出来。

芯片切割后，通常会通过键合技术将芯片与外部引脚相连接，确保电信号的导通。

❼ 封　装

将切割后的 IC 芯片置于封装中，封装材料可以是塑料、陶瓷等，最终形成带引脚的外壳，以便连接到电路板。

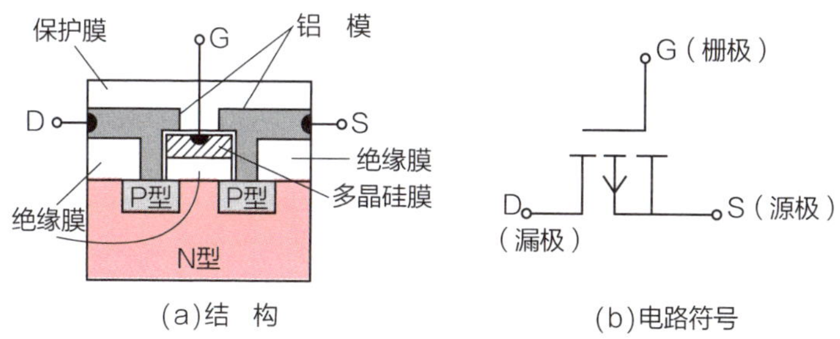

▲ MOS 型 FET（P 沟道）的形成示例

电阻和电容可以通过多晶硅膜或绝缘膜集成在 IC 中，但电感（线圈）制作复杂且尺寸较大，一般不直接集成到 IC 中。

第31讲 高性能放大电路：运算放大器

实用元件 /// ☑差分放大电路 ☑达林顿管 ☑反相放大电路

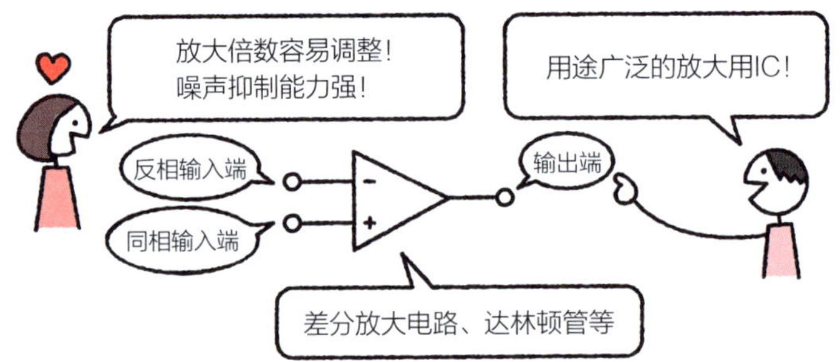

运算放大器概述

运算放大器简称“**运放**”，是一种通用的高性能放大器，广泛应用于各类电子电路中。运算放大器的主要特点如下。

- **集成电路形式**：易于使用且便于批量生产。
- **高放大倍数**：可达几万倍。
- **高输入阻抗**：通常达到几百千欧或几十兆欧，避免前级信号源负载过大。
- **低输出阻抗**：通常只有几十欧，便于与后续电路接口。
- **宽频率范围**：能够放大直流信号至几十兆赫兹的交流信号。
- **适用于中低频**：因其设计限制，通常不适用于高频放大。

阻抗（Ω）是指交流信号通过电路时遇到的综合阻力（参见第 28 讲）。运算放大器的电路符号由国家标准规定，除此之外也有其他常用的符号。

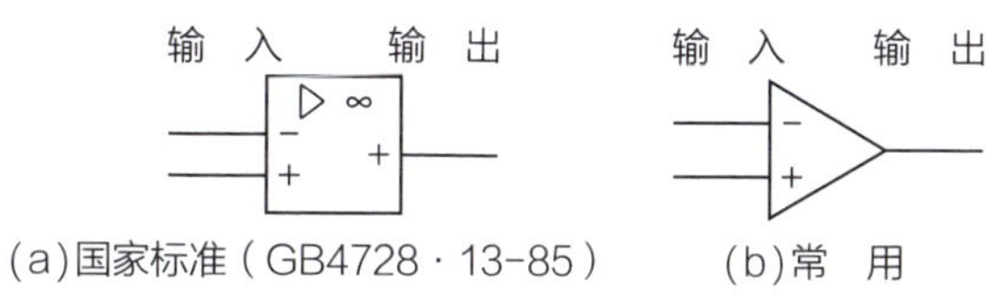

▲ 运算放大器的符号

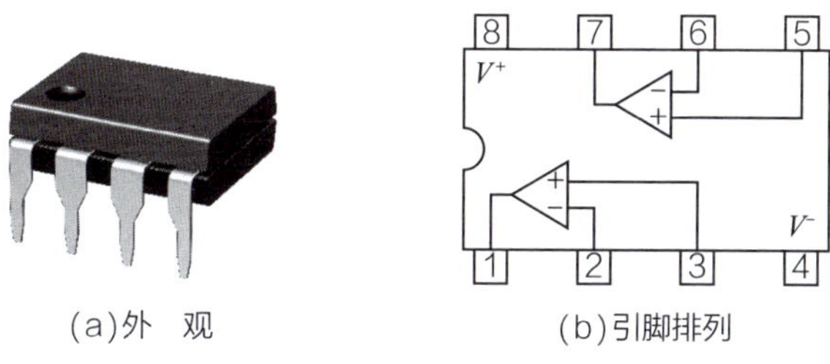

▲ 运算放大器示例（NMJ4580）

通常，运算放大器需要双电源供电（正电源和负电源），但也存在设计为单电源供电的集成电路版本。

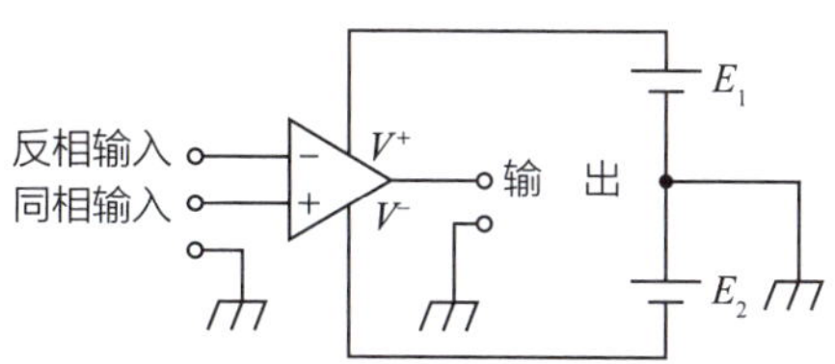

▲ 运算放大器的基本电源电路（双电源）

差分放大电路

运算放大器本质上是一种高性能的**差分放大电路**（又称为差动放大电路），其主要功能是放大两个输入信号之间的差值信号。

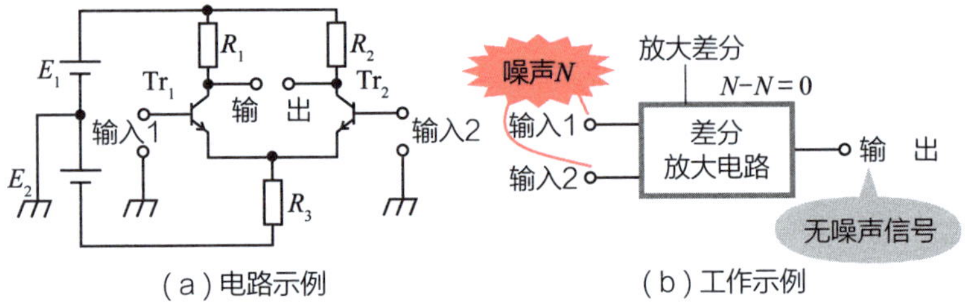

▲ 差分放大电路

当两个输入信号的幅度和相位完全相同时，差值为零，此时差分放大电路的输出也是零。差分放大电路能够有效抵抗外界噪声，这主要归功于其对共模信号（如两个输入端同时感受到的噪声信号）具有良好的抑制能力。

差分放大电路要求两个三极管的特性高度匹配，这在 IC 技术发展后已很好解决。

达林顿管

为了提升放大倍数，运算放大器中经常集成**达林顿管**。达林顿管由两个三极管组成，其总放大倍数 $h_{fe}=h_{fe1}\times h_{fe2}$，远高于单个三极管。

注意：达林顿管的高放大倍数容易造成信号过度放大，因此通常结合**负反馈**使用（参见第 39 讲）。

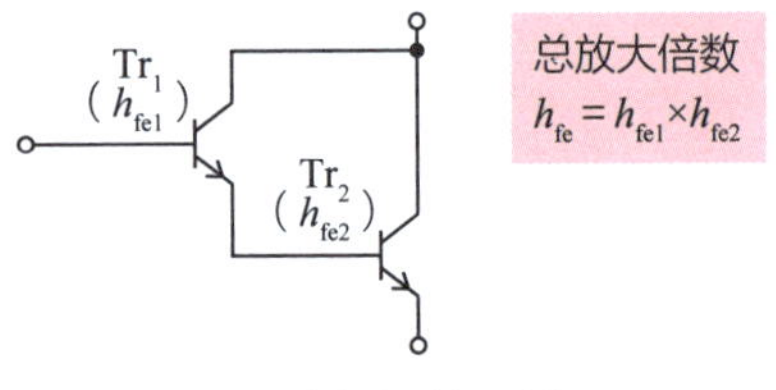

▲ 达林顿管示例

反相放大电路

反相放大电路是运算放大器的经典应用之一。运算放大器的同相输入端（+）接地，信号从反相输入端（－）进入，输出信号与输入信号的相位相反（即反相），并通过负反馈调整输出信号的幅度。

如下图所示，反相放大电路的放大倍数 A_{vf} 由电阻 R_s 和 R_f 的比值确定，$A_{vf}=-R_f/R_s$。负号"－"表示输出信号与输入信号反相（相位差为 180°）。

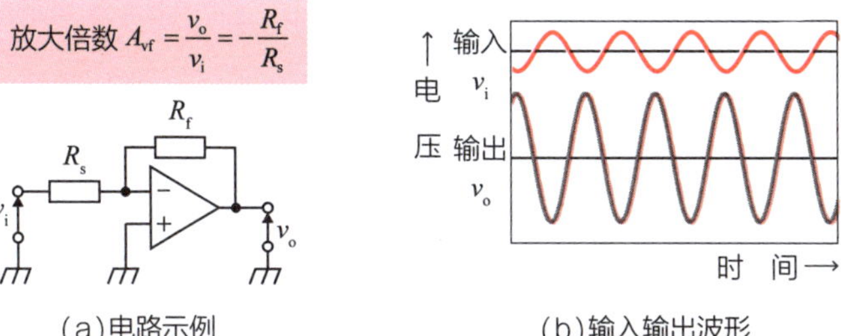

（a）电路示例　　（b）输入输出波形

▲ 反相放大电路

运算放大器的应用示例

运算放大器以其高性能和灵活性被广泛应用于各个领域，常见应用包括加法电路、微分电路、积分电路、振荡电路（参见第 41 讲）、滤波电路（参见第 44 讲）、电流－电压转换电路、比较器（参见第 56 讲）、传感器接口电路、电机控制电路、电压跟随电路（缓冲放大电路）。

第32讲 传感器到底是什么？

实用元件 ///　☑热敏电阻　☑光电三极管　☑霍尔元件

传感器的作用

传感器是一种能够感知环境或物体的物理量、化学量或生物量，如位置、温度、湿度、光强度、声音、磁场、加速度、压力、气体浓度等，并将其转换为可用电信号的电子元件。

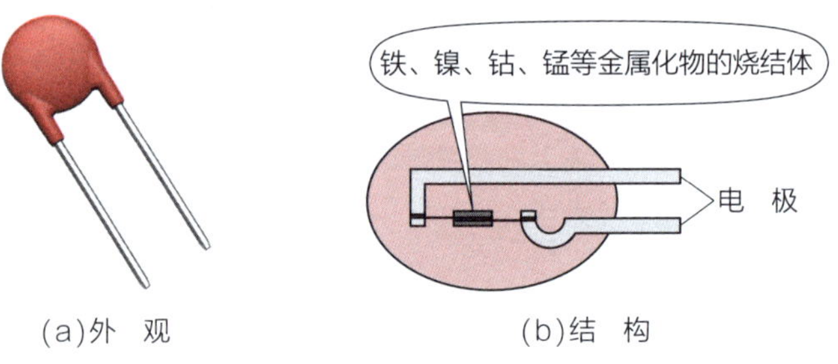

(a)外　观　　(b)结　构

▲ 热敏电阻

温度传感器用来检测环境或物体的温度，常见类型包括**热敏电阻**和**热电偶**等。热敏电阻的电阻值会随着温度的变化而改变，其体积小、性价比高，广泛用于家用电器、工业测温和医疗设备。

光传感器、磁传感器、压力传感器

光传感器用于检测光照及其强度，常见类型包括**光电三极管**和**硫化镉**（CdS）光敏电阻。光电三极管的结构与普通三极管类似，由 P 型半导体和 N 型半导体交叠而成，当基极接收到光照后，集电极会生成与光照强度成比例的电流。硫化镉光敏电阻的电阻值随光照强度变化，光照越强，电阻越小。

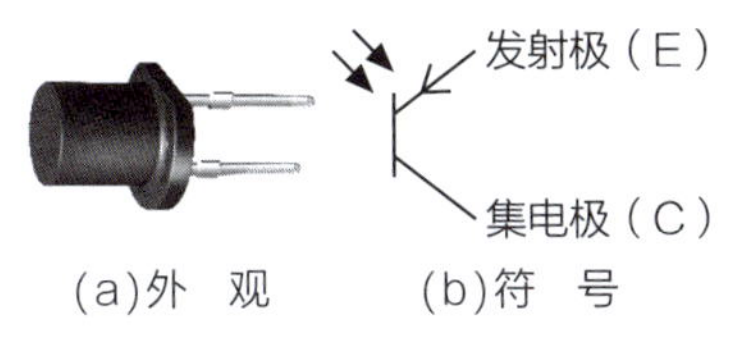

▲ 光电三极管

磁传感器用于检测磁场的强度和方向，常见类型是**霍尔元件**。当霍尔元件通电时，如果对其施加磁场，就会在与电流正交的方向上产生霍尔电压，且电压值与磁场强度成正比。这种现象被称为**霍尔效应**。

压力传感器用于检测物体所受的压力，常见类型包括**金属电阻应变片**和**半导体膜片式压力传感器**等，其电阻值随压力变化。

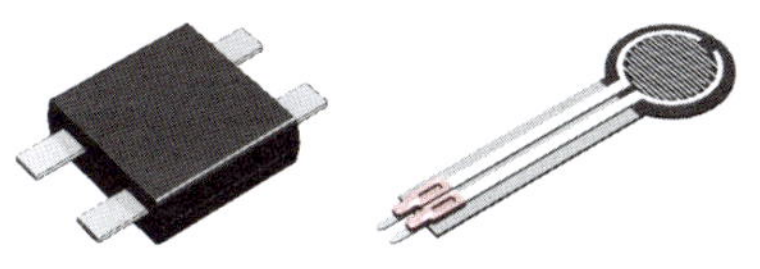

▲ 磁传感器和压力传感器的外观示例

第33讲 集成机械元件、传感器的 MEMS

实用元件 ///　☑ MEMS　☑加速度　☑麦克风

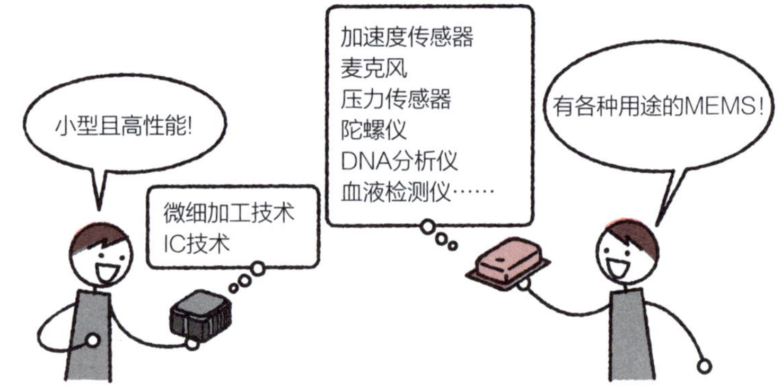

什么是 MEMS？

MEMS（micro electro mechanical systems，**微机电系统**）是通过微细加工和集成电路（IC）技术，把机械元件、传感器和电子电路等集成在一块硅基板上制成的小型电子元件。例如，传感器的输出信号通常微弱且易受干扰，如果将传感器与放大电路结合并 MEMS 化，则不仅可以提高信号处理的精度和抗干扰能力，还能形成小型化且易操作的高性能元件。常见的 MEMS 传感器有加速度传感器、陀螺仪传感器、压力传感器和温度传感器等。

用于加速度测量的 MEMS

MEMS 加速度传感器能够检测物体的**加速度**，并以数字信号的形式输出。其内部集成了加速度传感器、放大电路、控制电路，以及将模拟信号转换为数字信号的 A/D 转换器等，测量范围为 ±3g（1g ≈ 9.8m/s^2），分辨率约为 1mg，工作电压为 3.0 ~ 5.25V。

大致尺寸
长：5mm
宽：5mm
高：3mm

▲ 用于加速度测量的 MEMS 外观示例

用于麦克风的 MEMS

MEMS 麦克风是将传声器与处理电路集成在单一芯片上的微型声学元件，广泛应用于智能手机、耳机、智能音箱等领域。MEMS 麦克风内部集成了硅麦克风、放大电路等。

大致尺寸
长：4mm
宽：3mm
高：1mm

▲ 用于麦克风的 MEMS 外观示例

除了加速度传感器和麦克风，MEMS 还广泛应用于喷墨打印机的打印头和医疗血液检测元件等。

专栏3　二极管和三极管有什么区别？

简而言之，二极管是由一个**P型半导体**和一个**N型半导体**组成的**PN结**，而**三极管**由三个交替连接的半导体组成，形成**NPN**结构或**PNP**结构。那么，如果我们把两个二极管连接起来，能否制作出与三极管功能相同的元件呢？

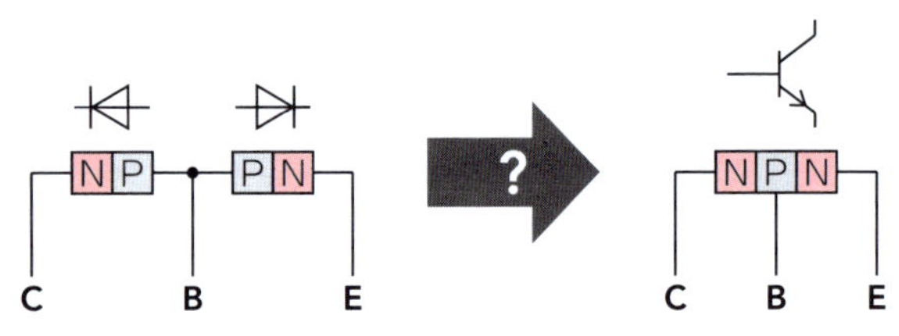

▲ 两个二极管的连接与三极管

从表面上看，连接两个二极管似乎可以形成类似于NPN或PNP的结构，但实际上，这样的电路并不能像三极管那样工作。

首先，三极管的**基极区**非常薄，允许大量自由电子从发射极通过基极快速到达集电极。而简单连接的两个二极管无法满足基极区薄层的要求。

其次，三极管的P型和N型半导体具有连续的**共价键**，且两者的杂质浓度经过了精确调整，而两个普通二极管的连接界面不具备这样的条件。

再者，三极管集电极一侧的N型半导体通常具有较高的电阻率，以便调节电流特性，而两个二极管连接并没有这种效果。

第4章 探索模拟电路

第34讲 模拟和数字有什么不同？

电子电路 ///　☑噪声　☑模拟电路　☑数字电路

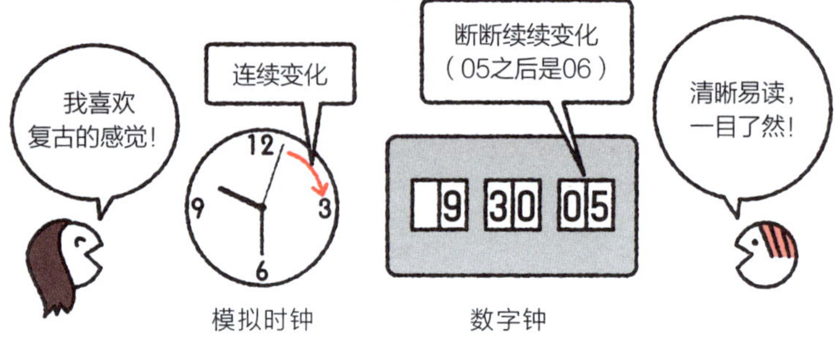

模拟时钟　　数字钟

模拟信号

模拟信号是连续变化的信号，随着时间或空间平滑变化，如声音、光照强度、温度等。这些信号在一定范围内是无限多的原始值，因此被称为**连续信号**。

声音是典型的模拟信号。例如，当我们通过麦克风将声音转换为模拟电信号时，这个电信号的波形会随着声音波动而连续变化。但这种信号会因**噪声**（如汽车引擎和电子设备的干扰）而失真。

数字信号

数字信号是一种离散的断续变化的信号，通常只取有限的值。例如，二进制的“0”和“1”表示开关状态（低电平或高电平）。因为仅区分 0 或 1，微小的噪声不足以使数字信号混淆，因此其抗噪声干扰能力显著优于模拟信号。而且数字信号可无损复制，哪怕经过多次传输或存储，数据也不会失真。

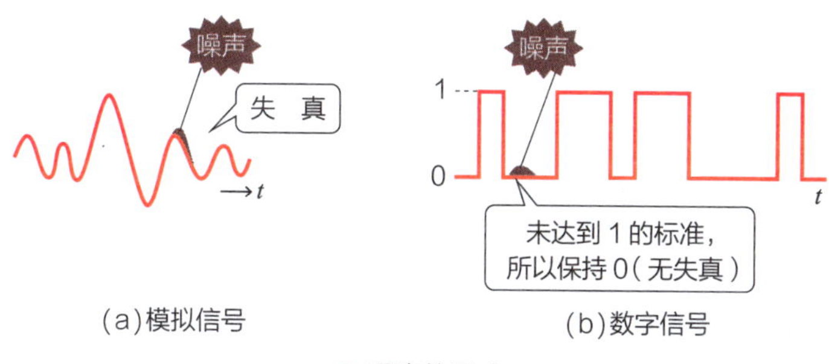

(a)模拟信号　　(b)数字信号

▲ 噪声的影响

- **模拟信号**：连续变化的信号，对噪声敏感。
- **数字信号**：断续变化的信号，抗干扰能力强。

从模拟信号到数字信号的转换

随着数字技术的普及，现在越来越多的模拟信号被转换为数字信号（参照第 56 讲）进行处理。例如，智能手机或音乐播放器将模拟信号转换为数字信号存储（如 MP3 格式），可以方便地对声音进行传输、存储和编辑。此外，计算机内部的数据处理和通信也是以数字信号形式进行的，因为数字信号更易于以逻辑和算法实现，如图像分析、语音识别等。

处理模拟信号的电路被称为**模拟电路**，处理数字信号的电路被称为**数字电路**。

第35讲 放大：输入到输出会变大吗？

放大 /// ☑放大器 ☑偏置电路 ☑耦合电容

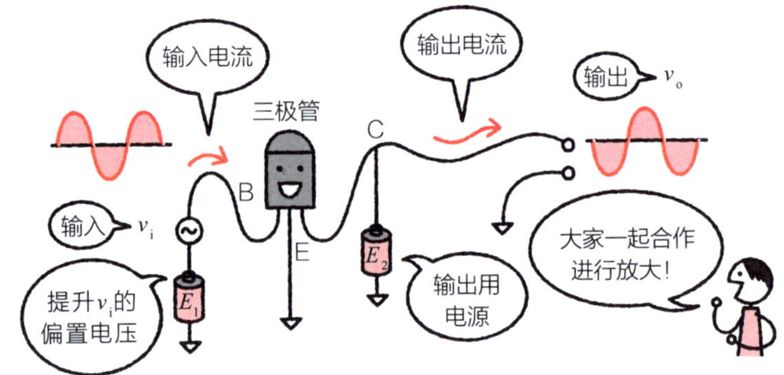

放大电路的工作原理

放大电路是一种能够将输入电信号放大后输出的电路，通常被称为**放大器**（amplifier）。以三极管放大电路为例，当输入电流 I_B 变化 5μA 时，输出电流 I_C 会变化 1mA。这意味着 I_B 的变化被放大 200 倍（1mA÷0.005mA＝200）后反映在 I_C 上，即输入的微小变化被放大为输出的显著变化。这就是放大的基本原理。

需要明确的是，放大电路并非通过“神奇力量”使输入信号变大。实际上，输出电流 I_C 的能量来源于电源 E_2，三极管实现了输入信号动态特性向输出信号的转移。

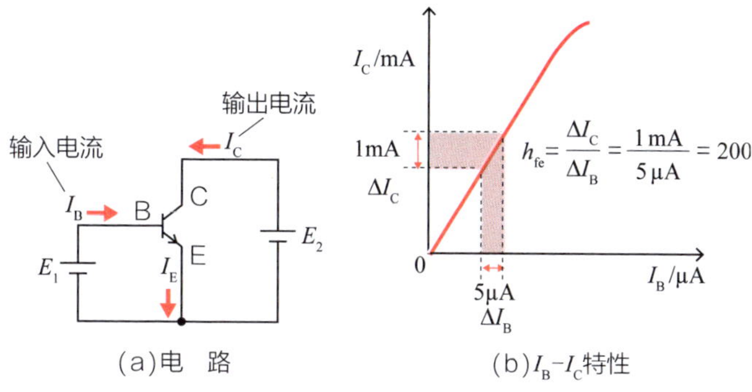

▲ 三极管放大电路示例

三极管放大电路

想象一下，我们用三极管来放大交流信号。试着将输入电源 E_1 替换为要放大的交流信号 v_i。那么，是否能够直接实现信号放大呢？答案是否定的。

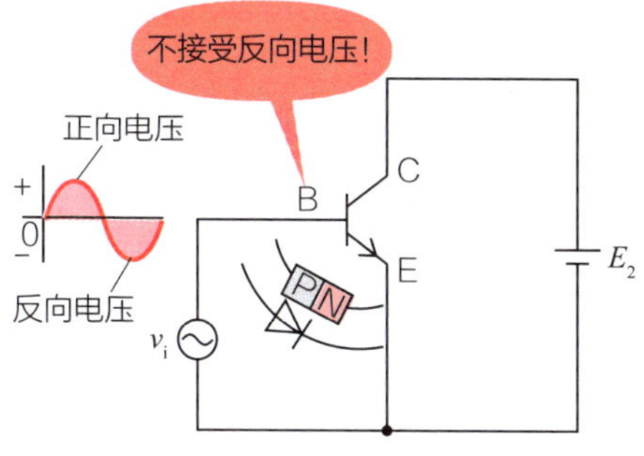

▲ 直接输入交流信号的示例

三极管的基极 - 发射极之间是一个 PN 结（类似于二极管）。在基极上施加正电压时，可以形成正向偏置电压，从而产生基极电流 I_B。但是，如果基极上施加的是负电压，则会形成反向偏置电压，此时 I_B 几乎不会流动，交流信号的负半周无法有效放大。可见，直接将交流信号接到基极并不一定能够被正确放大。

为了解决这个问题，我们将交流信号 v_i 与电源 E_1 相叠加，使加在基极上的电压始终为正值（E_1+v_i）。这可以确保交流信号的正负半周均能被三极管正确放大。为了这种目的而使用的直流电压被称为**偏置电压**。

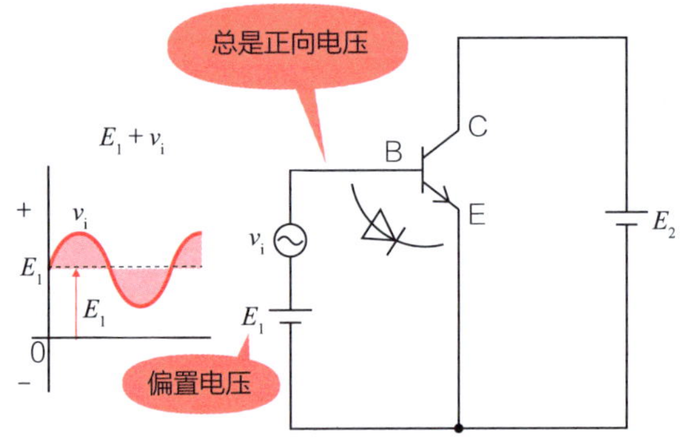

▲ 设置偏置电压的示例

使用电阻驱动三极管

为了简化电路设计，我们通常会利用电阻网络从单一电源提取偏置电压。这样的电路被称为**偏置电路**。以下是用四个电阻实现的**电流反馈偏置电路**。

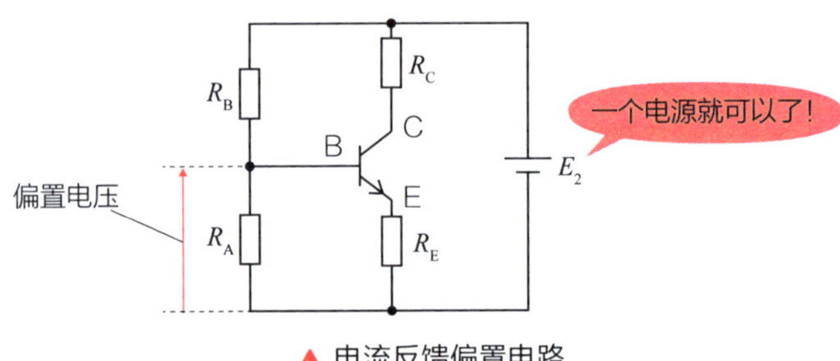

▲ 电流反馈偏置电路

将交流信号 v_i 输入到这样的偏置电路时，由于直流电源的存在，信号可能会受到影响。为此，可以在输入端加入**耦合电容 C_1**，利用电容“隔直通交”的特性隔离直流成分。同样地，在输出端加入**耦合电容 C_2**，以去除直流偏置成分。此外，为了避免交流信号在放大过程中影响直流偏置电路，还会插入**旁路电容 C_E**。

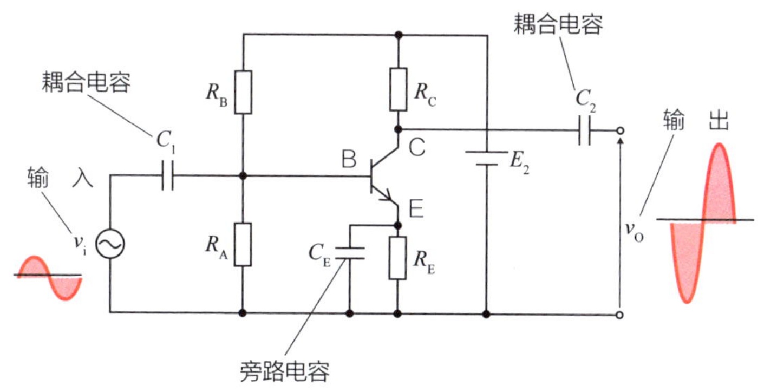

▲ 交流信号的三极管放大电路

这种设计构成了典型的**发射极接地放大电路**，又被称为共发射极放大电路。由于输出信号与输入信号反相，也被称为反相放大电路。

某些应用中使用 FET 构建放大电路，下面展示一个使用 FET 的**源极接地放大电路**（又称共源极放大电路）。

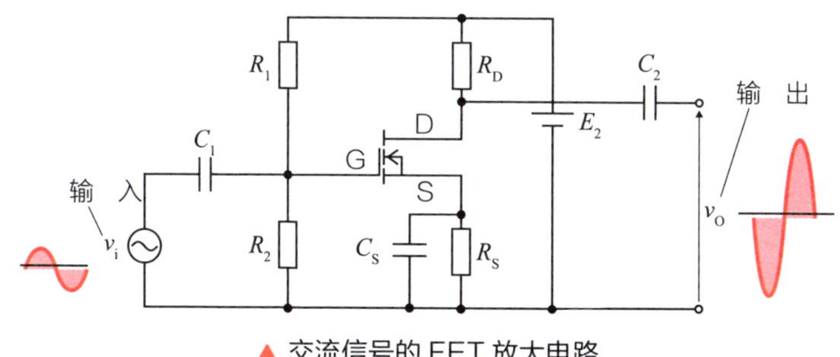

▲ 交流信号的 FET 放大电路

第36讲 衡量放大程度的放大倍数与增益

放大 /// ☑倍数 ☑衰减电路 ☑增益

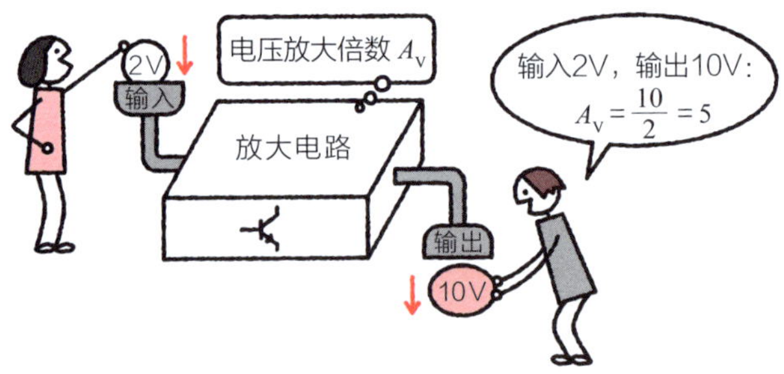

输入与输出电信号的比值

在放大电路中，输入与输出电信号的比值被称为**放大倍数**，有以下三种类型。

- **电压放大倍数 A_v**：输入电压 v_i 与输出电压 v_o 的比值。

$$A_v=\left|\frac{v_o}{v_i}\right|$$

- **电流放大倍数 A_i**：输入电流 i_i 与输出电流 i_o 的比值。

$$A_i=\left|\frac{i_o}{i_i}\right|$$

- **功率放大倍数 A_p**：输入功率 p_i 与输出功率 p_o 的比值。

$$A_p=\left|\frac{p_o}{p_i}\right|$$

值得注意的是，放大倍数通常不带单位，如果需要标注，则以“**倍**”作为单位。如果放大倍数小于 1，则说明输出信号比输入信号小，这种电路被称为**衰减电路**。如果放大倍数为负值，则表明输出信号与输入信号的相位相反。这里只讨论放大倍数的绝对值，因此表达式中加入了绝对值符号。

放大倍数非常大的情况

在某些情况下，放大倍数的数值可能会非常大，为了便于对不同电路的放大效果进行比较，通常将其换算为以**分贝（dB）**为单位的**增益**。增益是基于常用对数（$\log_{10}$）计算的，定义如下：

- **电压增益** $G_v = 20\log_{10}A_v$（dB）
- **电流增益** $G_i = 20\log_{10}A_i$（dB）
- **功率增益** $G_p = 10\log_{10}A_p$（dB）　注意：这个系数是不同的！

多个放大电路串联时，求总放大倍数和增益的方法不同：总放大倍数是各电路放大倍数的乘积，而总增益是各电路增益的和。

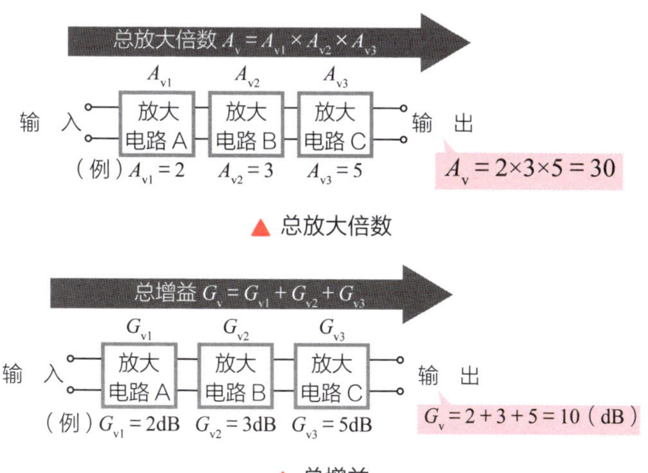

▲ 总放大倍数

▲ 总增益

第37讲 放大电路的特性

放大 /// ☑静态特性 ☑动态特性 ☑负载线 ☑工作点

静态特性

下图所示放大电路连接了偏置电压 E_1 和用于输出的电源 E_2，R_C 是从三极管集电极提取输出电压的电阻。

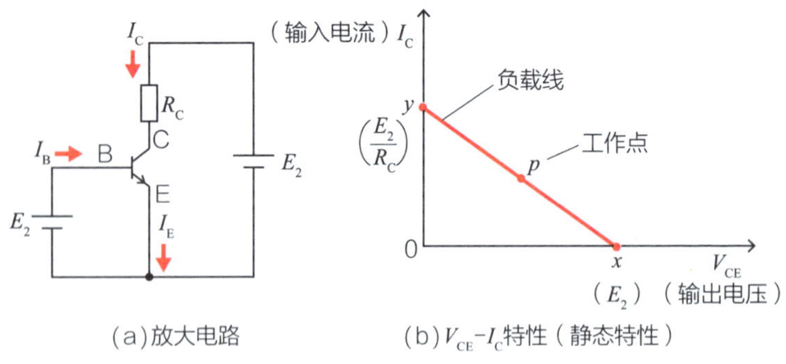

(a) 放大电路

(b) V_{CE}-I_C特性（静态特性）

▲ 负载线和工作点

在直流分量（E_1、E_2）的影响下，输出电压 V_{CE}（发射极 - 集电极电压）和输出电流 I_C 之间的关系被称为**静态特性**。通过绘制 V_{CE}-I_C 特性曲线，可以确定负载线和静态工作点。

- 点 x：$I_C = 0$ 时，没有电流通过电阻 R_C，没有电压降，因此 $V_{CE}=E_2$。

- 点 y：$V_{CE} = 0$ 时，可以认为发射极与集电极短路，根据欧姆定律，$I_C = E_2/R_C$。

连接点 x 和点 y 的直线被称为**负载线**。当输入电流 i_i 随着输入电压 v_i 变化时，I_C 与 V_{CE} 会沿着负载线周期性移动。另外，当输入电压 $v_i = 0$ 时，输出电压 V_{CE} 和输出电流 I_C 对应的负载线上的点 P 被称为**静态工作点**。

动态特性

给放大电路输入交流信号 v_i（如正弦波）时，三极管的输出

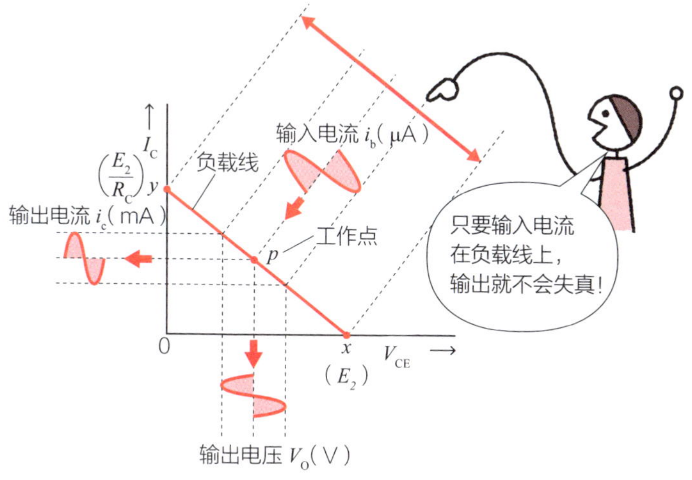

▲ 输入 - 输出特性（动态特性）

电压 v_{ce} 和输出电流 i_c 不仅受到直流偏置的影响，还会随输入信号变化。这种在有输入信号作用下的特性被称为**动态特性**。

在本书中，直流成分用大写字母表示（如 I_B），交流成分用小写字母表示（如 i_b）。

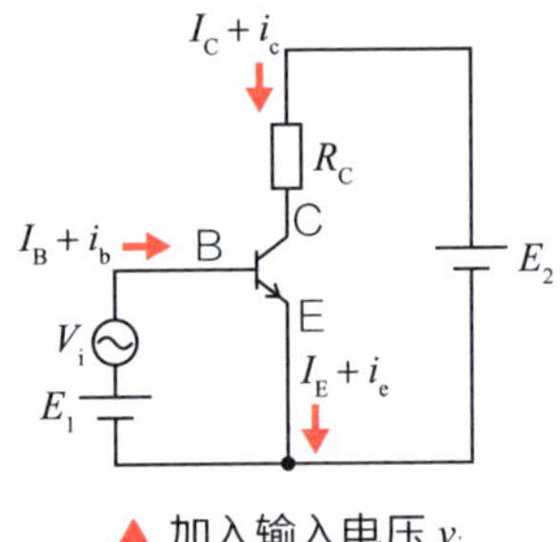

▲ 加入输入电压 v_i

工作点的设置与分类

工作点的设置决定了电路的放大性能，不同的工作点设置对应不同类别的放大。

- **甲类放大**：工作点设置在负载线中央附近，对输入信号的正、负两个部分均能无失真放大，输出波形完整。不过，即使没有输入信号，直流电流 I_C 也会流动，因此效率较低（参见第119页的动态特性）。

- **乙类放大**：工作点设置在负载线的最末端（$I_B=0$），仅放大输入信号的正半周，负半周被切除。没有输入信号时，集电极电流 I_C 不流动，因此效率比甲类高。

- **甲乙类放大**：工作点设置在甲类放大和乙类放大之间的位置，既在一定程度上减少了失真，又兼顾了效率。

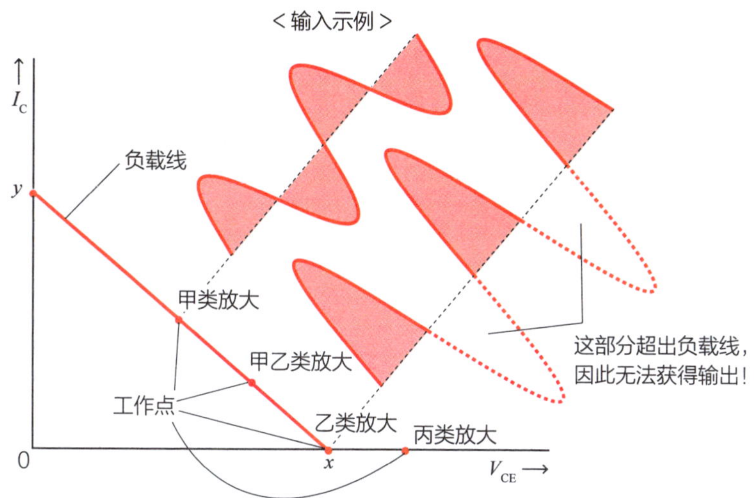

▲ 工作点的设置和放大的分类

• 丙类放大：工作点设置在负载线以外的位置（深偏置区）。只放大输入信号的很小一部分（甚至不到半周），输出波形失真严重。不过，直流电流 I_C 流动的时间极短，效率非常高。主要用于对效率要求很高的**高频信号放大**，同时使用**频率调谐电路**消除信号失真。

▲ 放大电路的类别与失真

此外，还有一种 **D 类放大（数字放大器）**（参照第 61 讲），但它不是根据工作点位置命名的。

第38讲 功率放大电路的优缺点及改进

放大 /// ☑乙类推挽放大电路 ☑交越失真 ☑散热片

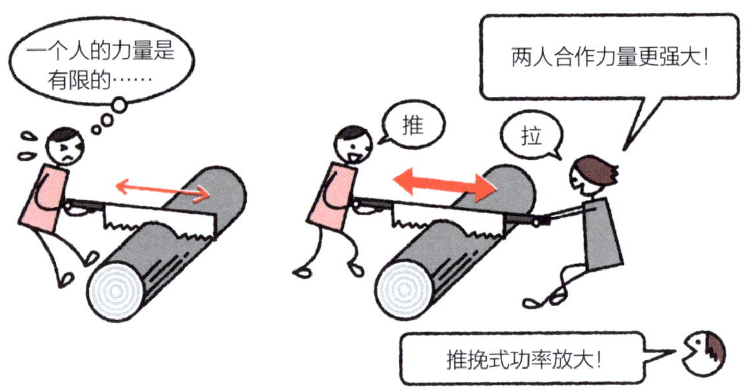

甲类放大电路

功率放大电路的作用是提供较大的输出功率，以驱动负载。为了放大输入信号的整个周期（正负两个半周），**甲类放大电路**的工作点设置在负载线中央附近（参照第 37 讲）。

为了获得更大的输出功率，需要选择能够承受更大集电极电流 I_C 的三极管。这种放大电路虽然线性度较高、失真较小，但由于集电极始终有电流流动，其效率较低，大部分输入功率转换为热能消耗掉了。

乙类放大电路

乙类放大电路的工作点设置在负载线的截止区附近，一个三极管只能放大输入信号 i_b 的半个周期（正半周或负半周）。为完整放大输入信号的正负两个半周，一般使用一对互补的三极管，如 NPN 型三极管 Tr_1 负责放大正半周，PNP 型三极管 Tr_2 负责放大负半周。这种放大电路被称为**乙类推挽放大电路**。

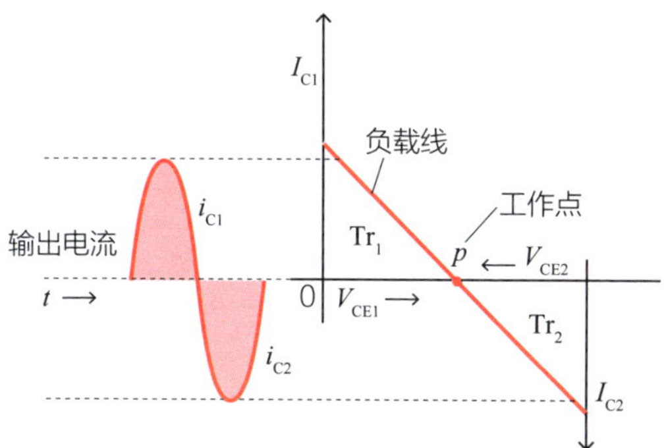

▲ 乙类推挽放大电路的特性示例

乙类推挽放大电路的工作原理

在输入信号为 0 时，电路中没有直流电流 I_C 流动，因此效率较高。然而，为了减小失真，需要使用特性匹配的一对三极管。

当输入信号为正时，三极管 Tr_1 导通，输出电流 i_{c1} 流动。当输入信号为负时，三极管 Tr_2 导通，输出电流 i_{c2} 流动。由于输出电流 i_{c1} 和 i_{c2} 的方向不同，因此需要 E_1 和 E_2 两个电源来供电。

该电路的输出阻抗通常设计为与扬声器的输入阻抗（通常为 4 ~ 8Ω）相匹配，无需额外的阻抗匹配元件（如输出变压器），可以直接驱动扬声器。由于其较高的效率和良好的特性，乙类推挽放大电路被广泛应用于音频放大器中。

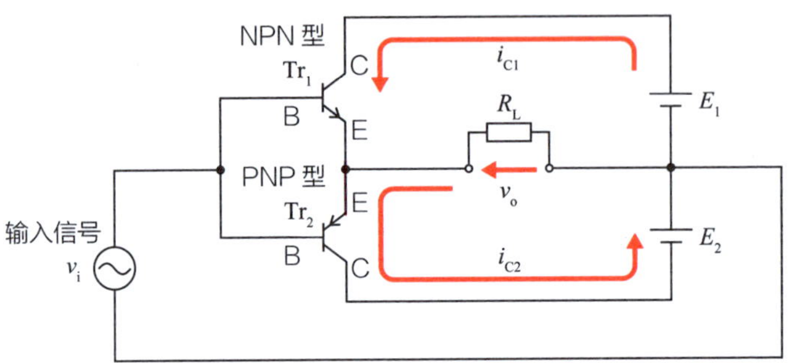

▲ 乙类推挽放大电路的基本工作原理

乙类推挽放大电路的缺点与改进

◆ 需要两个电源

传统的 B 类推挽放大电路需要两个电源（一个提供正电压，一个提供负电压），这增加了电路的复杂性。一种解决方案是用电容 C 替代负电源。当输入信号 v_i 为正且三极管 Tr_1 导通时，电容 C 充电；当输入信号 v_i 为负且三极管 Tr_2 导通时，电容 C 放电以产生对应的输出电流 i_{c2}。

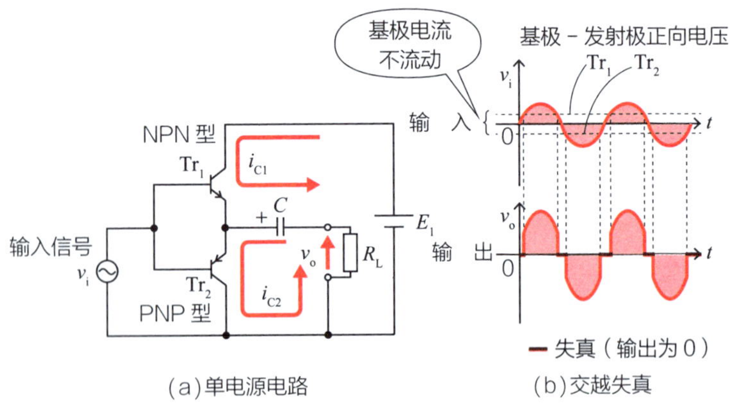

▲ 乙类推挽放大电路示例

◆ 交越失真

考虑到三极管的截止电压（即基极必须施加一定的正向电压才会导通），当输入信号的幅度小于三极管的正向门槛电压时，基极电流无法流动，会导致输出信号出现短暂的断点，这种现象被称为**交越失真**。

为了解决这一问题，可以利用二极管 D_1 和 D_2 的正向电压，给每个三极管的基极施加适当的**偏置电压** V_{BB}（参见第 35 讲）。

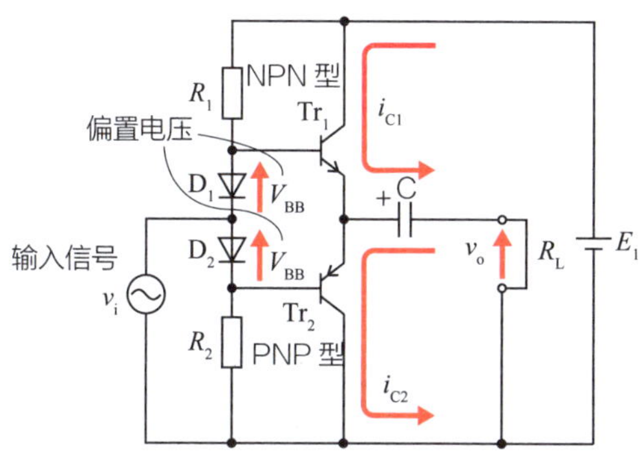

▲ 解决交越失真的电路示例

此外，功率放大电路中的三极管或场效应管（FET）需要处理较大的电流，在工作过程中会大量发热。为了避免过热导致三极管失效或性能下降，一般要为其配备**散热片**。

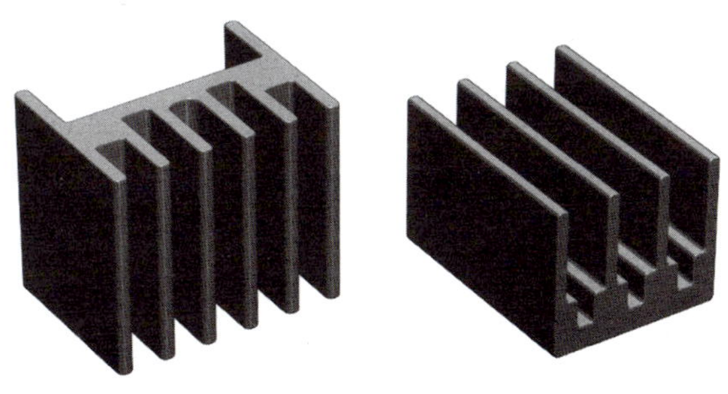

▲ 散热片外观示例

第39讲 将反相输出信号反馈到输入端的负反馈放大电路

放大 ///　　☑正反馈　☑负反馈　☑反馈率

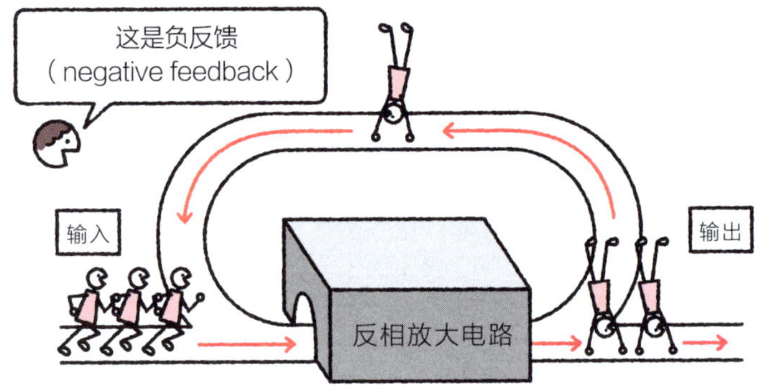

两种反馈

反馈放大电路是一种将输出信号的一部分反馈到输入端以影响放大特性的电路。根据反馈信号与输入信号相位的关系，反馈可以分为以下两种类型。

- **正反馈**：将输出信号的一部分以与输入信号相同的相位反馈到输入端，以增大电路的输入信号电压。正反馈常用于振荡电路（参照第 41 讲）。

- **负反馈**：将输出信号的一部分以与输入信号相反的相位反馈到输入端，以减小电路的输入信号电压。负反馈常用于稳定放大电路的性能。

反馈系数

考虑一个用**反相放大电路**（参见第 115 页）构成负反馈放大电路的例子。通过**反馈电路**，把输出的一部分返回到输入端。对于电压放大倍数为 $-A$ 的反相放大电路，如果不改变输出信号的相位，直接将其返回到输入端，就实现了负反馈。反馈量和输出量的比值被称为**反馈系数** F。

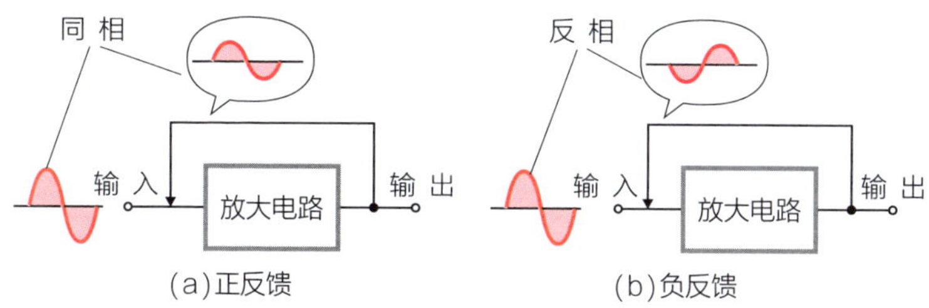

▲ 反馈放大

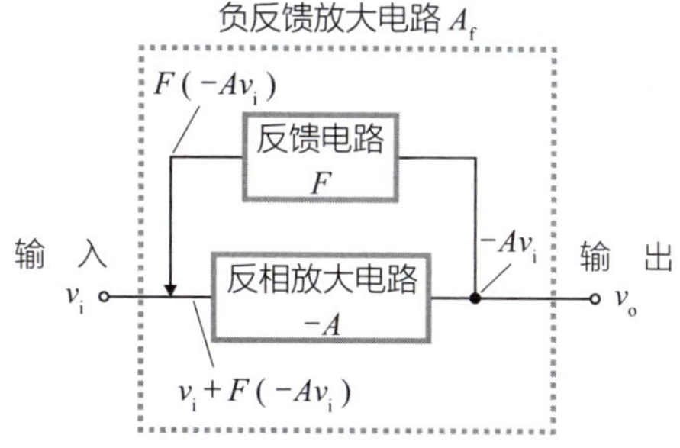

▲ 负反馈放大电路的结构示例

电压放大倍数

负反馈放大电路的电压放大倍数 A_f 可以表示为

$$A_f = \frac{v_o}{v_i} = \frac{-A}{1+AF}$$

其中，v_o 是输出电压；v_i 是输入电压；$-A$ 是反相放大电路的开环电压放大倍数；F 是反馈率。

从公式可以看出，由于分母 $1+AF>1$，负反馈放大电路的电压放大倍数 A_f 会比开环电压放大倍数 $-A$ 小。这是负反馈电路的一个缺点，但正是得益于这种反馈特性，电路可以获得以下优点。

◆ 负反馈放大电路的优点

- **频率响应**：能够稳定放大的频率响应范围变宽。
- **噪声**：不易受到噪声影响。
- **阻抗**：可以改变输入和输出的阻抗。

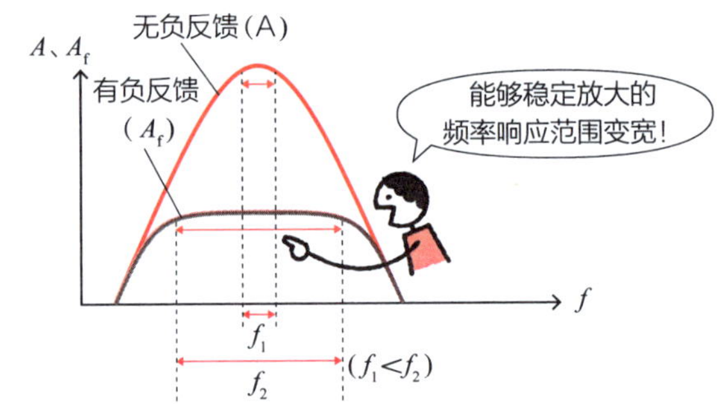

▲ 频率响应范围的扩展

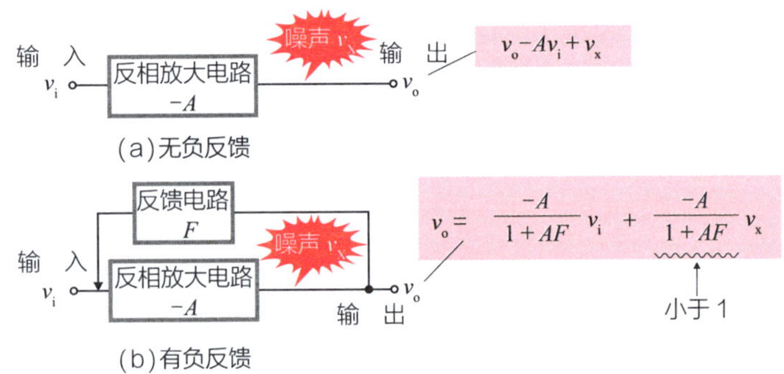

▲ 噪声的影响

改变阻抗

此外，通过改变反馈的连接方式可以改变输入和输出的阻抗。

前文提到，许多经典放大电路，如三极管发射极接地放大电路、FET 源极接地放大电路（参见第 115 页）和运算放大器反相放大电路（参见第 103 页），均能够生成与输入信号反相的输出信号。将这些反相输出信号直接反馈到输入端，可以构成负反馈放大电路。

在传统的发射极接地放大电路中，发射极电阻 R_E 上通常并联有旁路电容 C_E，使交流信号直接绕过 R_E，从而避免反馈的产生，保证高增益。

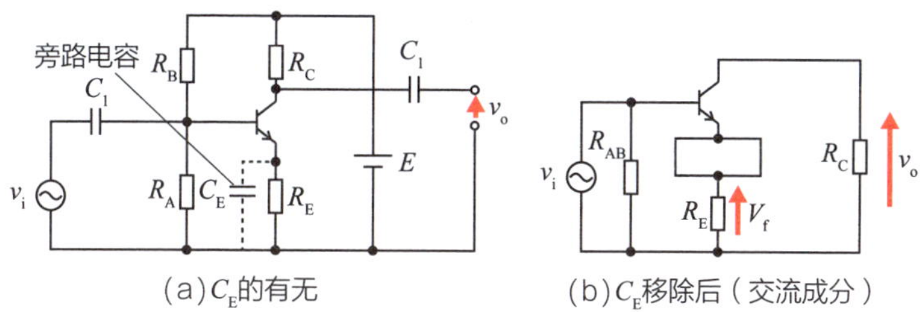

(a) C_E的有无　　(b) C_E移除后（交流成分）

▲ 发射极接地放大电路

如果去掉这个旁路电容 C_E，则一部分交流输出电压 v_f 将通过电阻 R_E 反馈至输入端。这种情况下，电路就成为负反馈放大电路。从输入或输出端看，电阻 R_E 是串联接入的，因此输入和输出的阻抗都会提高。并且，以放大倍数下降为代价，换来了更稳定的增益和更宽的频率响应范围。

第40讲 电源电路——将交流转换为直流

电源 /// ☑变压器 ☑三端稳压器 ☑开关稳压

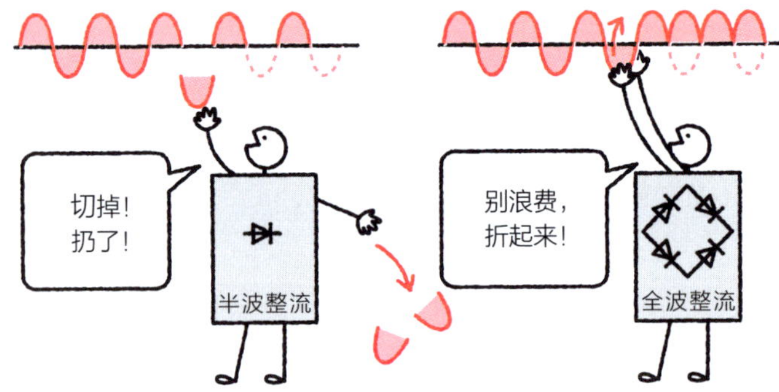

电源电路的组成部分

电源电路的主要作用是将交流（AC）电压转换为稳定的直流（DC）电压，它主要包括以下几个部分。

- **变压电路**：使用变压器将交流电压调整为所需的电压等级。
- **整流电路**：利用二极管将交流电压转换为**脉动**直流电压。
- **滤波电路**：通过电容器减小脉动，生成较为平滑的直流电压。
- **稳压电路**：输出稳定的直流电压。

使用**变压器**可以取出与线圈匝数成正比的交流电压（变压电路）。

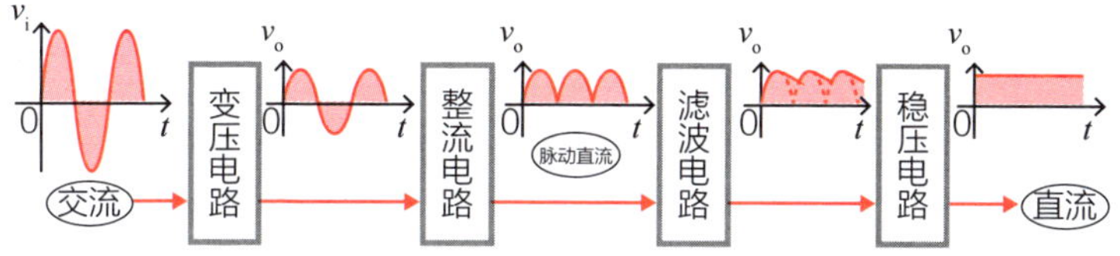

▲ 电源电路的组成部分示例

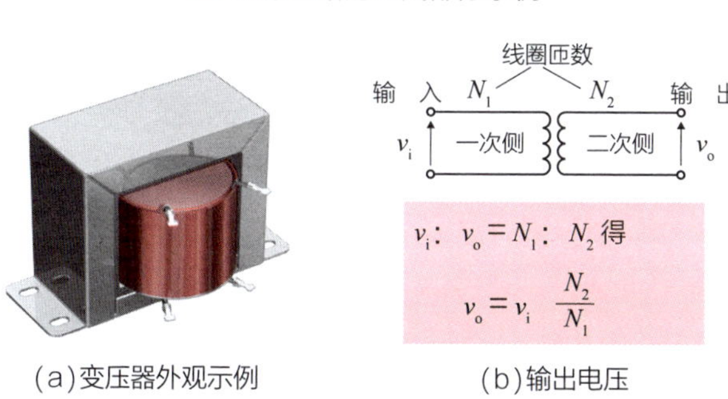

（a）变压器外观示例　　（b）输出电压

▲ 变压器对交流电压的转换

整流与滤波

整流电路利用二极管的单向导电特性，将交流电的一部分转化为直流电。例如，由单二极管构成的半波整流电路，仅利用交流电压的一个半周，整流后会输出脉动直流电压（正半周导通，负半周截止）。

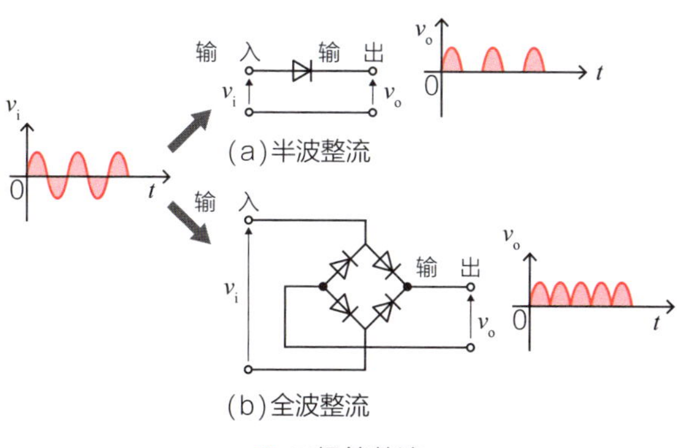

（a）半波整流

（b）全波整流

▲ 二极管整流

然而，半波整流效率较低，利用率仅为 50%。使用由四个二极管组成的桥式整流电路，可实现**全波整流**，充分利用交流电的正负两个半周，从而显著提高效率和输出电压质量。

滤波电路利用电容的充放电，将脉动直流电压转换为稳定直流电压。

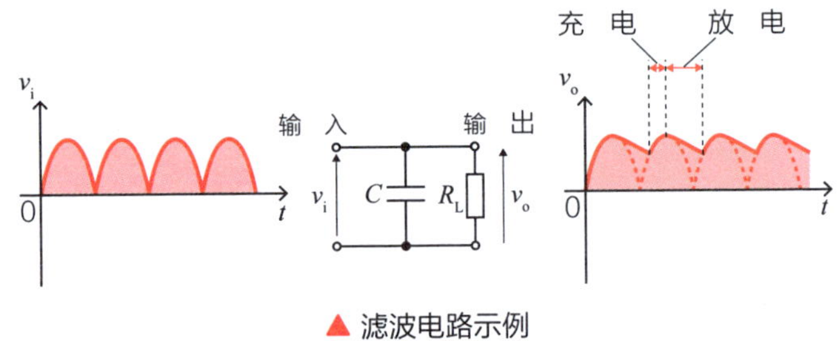

▲ 滤波电路示例

稳压电路

滤波后的直流电压虽已较为稳定，但仍可能因负载变化或输入电压波动而产生微小的波动。为了进一步稳定输出电压，

可以使用三极管或稳压二极管（参照第 23 讲）等搭建稳压电路。此外，还有一种被称为**三端稳压器**（参照第 30 讲）的集成化、便捷的稳压电路。

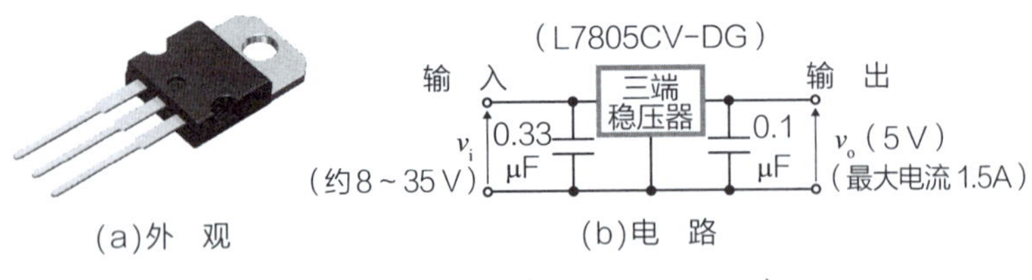

▲ 三端稳压器示例（L7805CV-DG）

开关稳压电路

传统电源电路广泛使用变压器，体积大、效率低，而现代电子设备中广泛使用**开关稳压**电路。

开关稳压电路使用 FET 等作为电子开关来获得所需的直流电压。在下图中，让我们考虑对电子开关 S 进行操作。如果 S 一直处于关断状态，那么输出电压 $V_o = 0V$（①）。如果 S 一直处于开通状态，那么输出电压 V_o 就与输入电压 V_i 相同（②）。

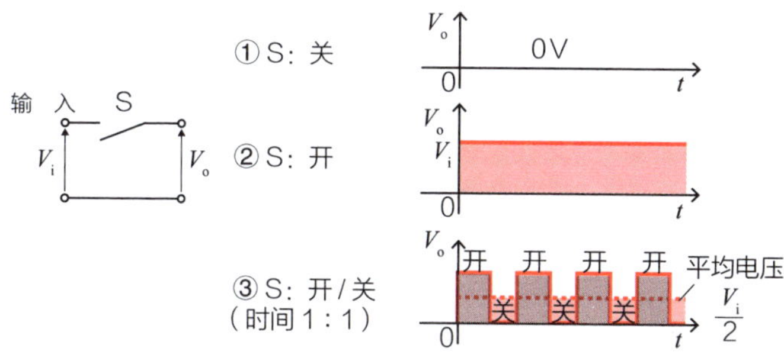

▲ 开关示例

如果以相同的时间间隔高速切换 S 的开关状态，那么输出电压 V_o 的平均值将变成输入电压 V_i 的一半（③）。而且，调节开关的时间间隔比例，可以获得期望的输出电压。

开关稳压电路的缺点是电路复杂，输出容易包含噪声，开关管的高速切换可能引起电磁干扰（EMI）。其优点是能效高，容易小型化，故而广泛应用于笔记本电脑、手机充电器等对体积和效率有要求的设备中。

第41讲 从扬声器啸叫探究振荡原理

振荡 /// ☑饱和 ☑振荡 ☑时钟

输出信号放大的极限

在体育馆等场所使用麦克风和放大器（放大电路）时，你是否听到过扬声器发出“哔——”“吱——”之类刺耳的声音？这种现象被称为**啸叫**。从麦克风输入的声音经过放大后从扬声器输出，输出的声音再次被麦克风捕捉并输入，进一步放大……形成**正反馈**（参照第 39 讲）。然而，放大电路的输出幅度是有极限的，不可能一直无限放大信号。最终，输出信号达到**饱和**状态，振幅趋于稳定。这种现象被称为**振荡**。

利用振荡

在电子电路中，意外发生的振荡可能会导致电路误动作，应极力避免。然而，巧妙地利用振荡，可以生成特定频率的信号。利用振荡现象来生成并输出某一特定频率信号的电路被称为**振荡电路**。

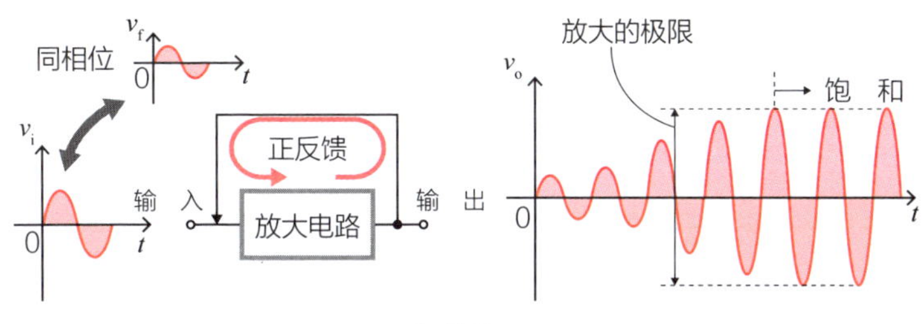

▲ 振荡的原理

计算机的基本信号

计算机的运行基于一种被称为**时钟（工作频率）**的基本信号，它正是由振荡电路产生的。例如，计算机规格中的“2GHz 时钟”指的是计算机的时钟频率，通常认为这个值越高，计算机运行速度就越快。当然，除了时钟频率，计算机的运行速度还受其他因素的影响。

▲ 振荡电路的应用示例

第42讲 如何更好地控制振荡电路？

振荡 /// ☑移相电路 ☑晶体 ☑噪声

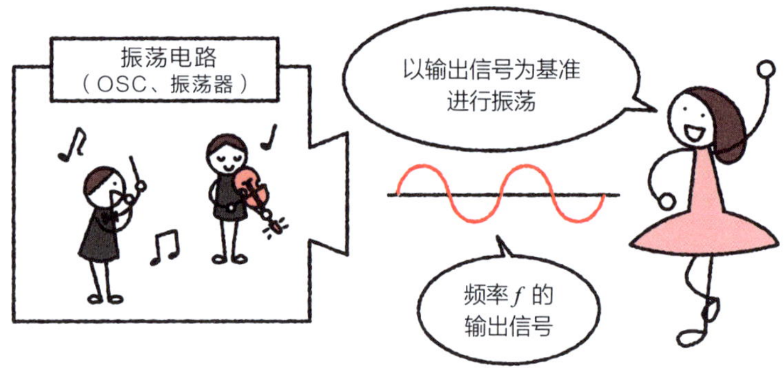

振荡电路的主要类型

- ***RC* 振荡电路**：利用电阻 R 和电容 C 构成移相电路以实现正反馈。
- ***LC* 振荡电路**：利用电感 L 和电容 C 构成移相电路以实现正反馈。
- **晶体振荡电路**：采用晶体振荡器，具有更高的频率稳定性和精度。

为了产生振荡，正反馈放大电路将与输入信号同相位的输出信号反馈至输入端。如果使用运算放大器（参见第 31 讲）或发射极接地放大电路等反相放大电路（参见第 115 页），则需要在反馈电路中将输出信号相位延迟半个周期（180°），以实现与输入信号同相位。这种反馈电路的主要目的是移相，因此被称为**移相电路**。使用电容或电感可以改变交流信号的相位。例如，下图中的移相电路最大可以移相 90°，移相 180° 需要使用三级移相电路。

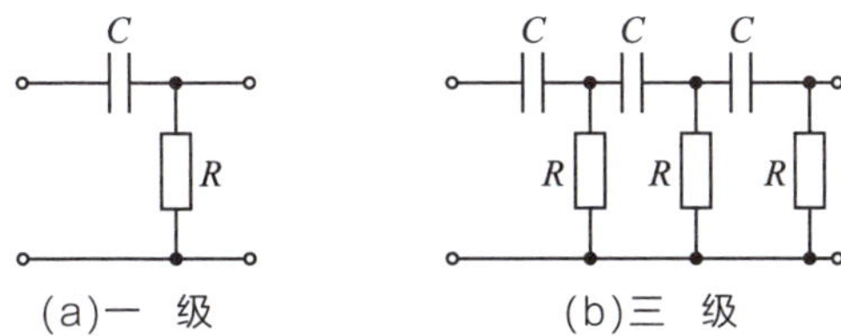

▲ 移相电路的结构示例

RC 振荡电路和 LC 振荡电路

在移相电路中，由电阻和电容组成的 ***RC* 振荡电路**适合产生低频振荡，而由电感和电容组成的 ***LC* 振荡电路**适合产生高频振荡。根据电感和电容的布局，可以构成不同的振荡电路。

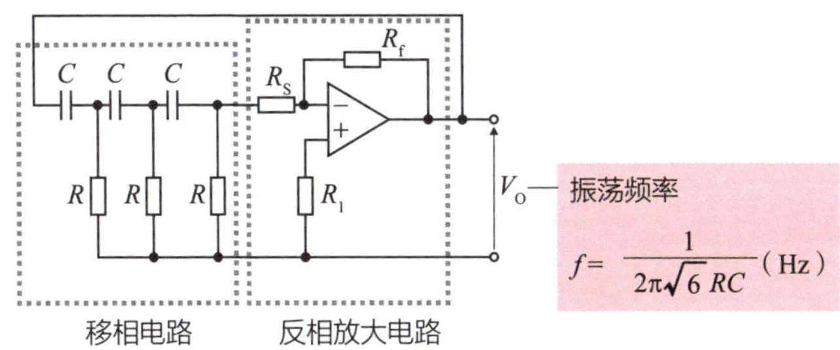

▲ 使用运算放大器的 *RC* 振荡电路示例

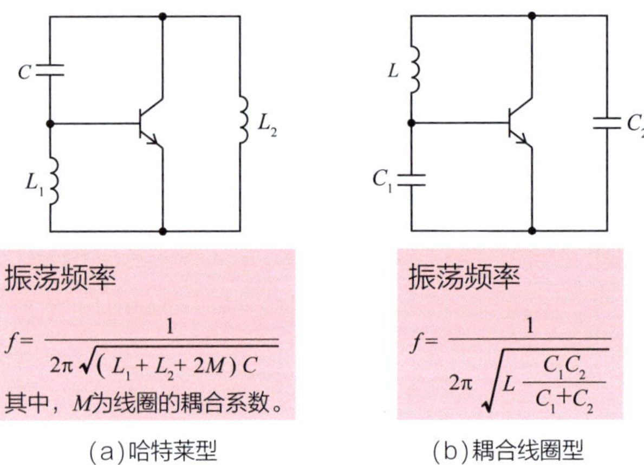

(a)哈特莱型　　(b)耦合线圈型

▲ *LC* 振荡电路示例

晶体振荡器

高性能振荡电路通常要求具备高精度和高稳定性的振荡频率，因此广泛使用采用**晶体振荡器**。

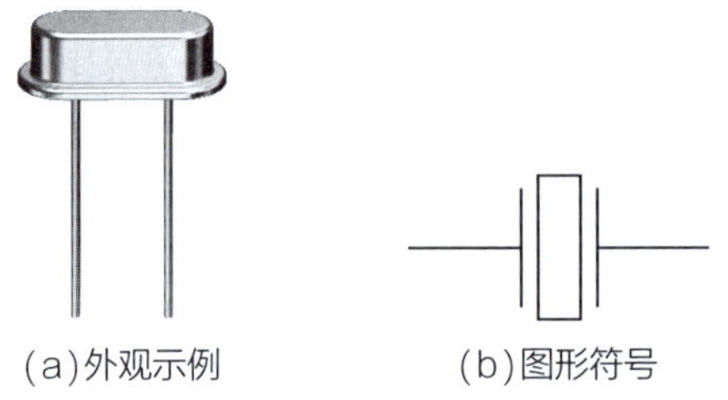

(a)外观示例　　(b)图形符号

▲ 晶体振荡器

晶体材料具有一个特性，即被施加电场时会产生机械振动，这种现象被称为**逆压电效应**。这种振动可以转换为交流信号，广泛应用于振荡电路中。在哈特莱（Hartley）型或考毕兹（Colpitts）型 *LC* 振荡电路中，将电感替换为具有目标振荡频率的晶体振荡器（X），就可以构成晶体振荡电路。

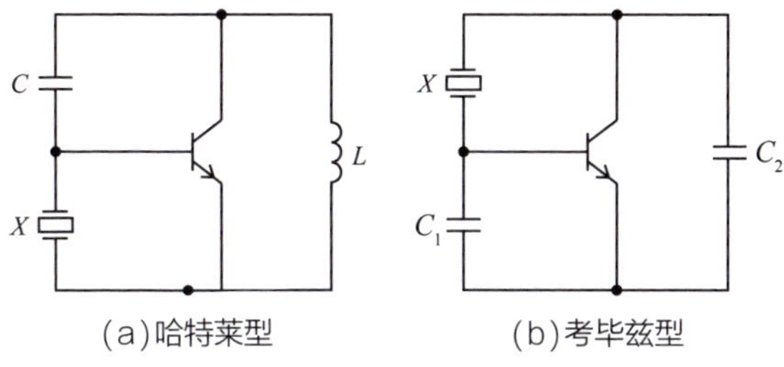

▲ 晶体振荡电路示例

噪声放大

之前提到的**啸叫**现象（参见第 41 讲）是输入设备（如麦克风）捕捉到的声音被反复放大而产生的。然而，*RC* 振荡电路、*LC* 振荡电路和晶体振荡电路并没有连接麦克风这样的输入设备。那么，在电路刚启动时，放大电路放大的是什么信号呢？答案是噪声。运算放大器和三极管内部会产生热**噪声**，而放大电路周围也存在各种环境噪声。振荡电路刚启动时会将这些噪声作为输入进行放大，并通过反复放大输出信号引发振荡。通常被视为“不好”的噪声在这里却发挥了重要作用。

希望改变输出信号的频率时，可以使用带**锁相环**（phase-locked loop，PLL）的振荡电路，如**频率合成器**等。

第43讲 简单易构的多谐振荡器

振荡 /// ☑多谐振荡器 ☑非稳态 ☑非门

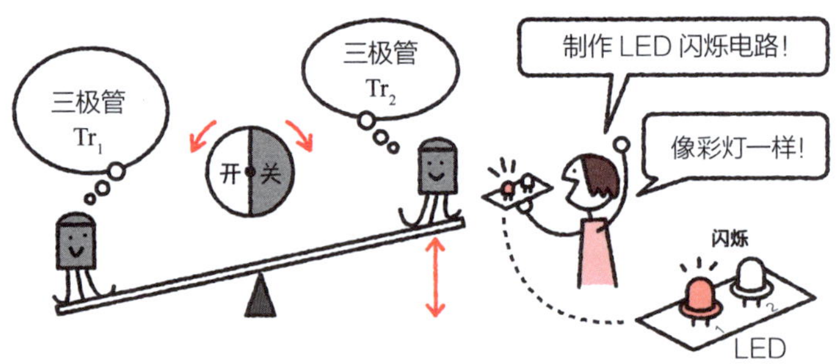

非稳态多谐振荡器

多谐振荡器是一种结构简单、易于实现的振荡电路，虽然精度和稳定性不高，但在某些应用场景中非常实用。**非稳态多谐振荡器**由两个交互偶合的三极管构成（参见第83页），这些三极管作为电子开关工作。

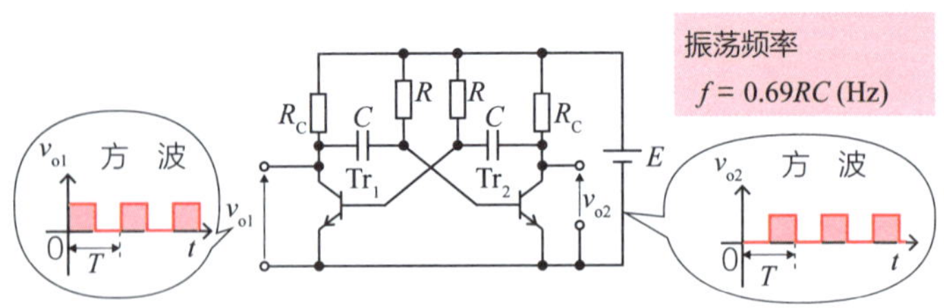

▲ 非稳态多谐振荡器示例

电容充放电作用使得两个三极管交替导通和截止。当一个三极管处于导通状态时，另一个三极管处于截止状态。这种状态切换在固定的时间间隔内反复发生，从而生成一种被称为**方波**的输出信号。方波的频率取决于电路中电阻和电容的参数。

下图展示了一个典型的非稳态多谐振荡器应用，两个 LED 按固定时间间隔交替闪烁。

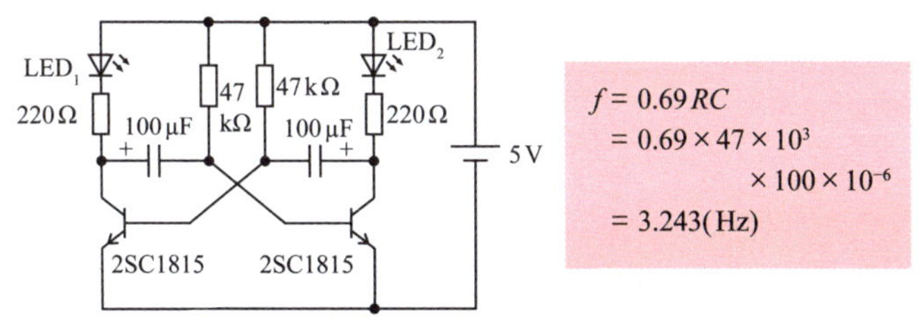

▲ LED 闪烁电路示例

使用非门的非稳态多谐振荡器

除了使用三极管，非稳态多谐振荡器还可以使用非门（NOT）实现。通过非门的延迟反馈来实现状态的周期性反转，从而产生振荡输出信号。

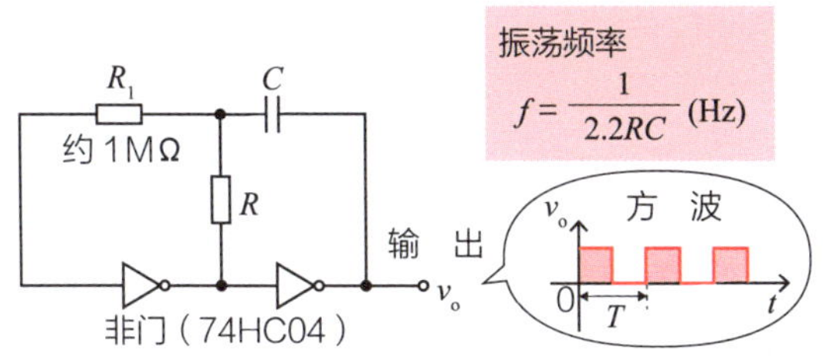

▲ 使用非门电路搭建的示例

这些电路依靠电子开关的导通与截止工作，也可以看作是数字电路的一种应用。

第44讲 用滤波电路提取目标频率信号

信号选择 /// ☑谐振电路 ☑截止频率 ☑零交叉频率

谐振电路

滤波电路的作用是从复杂的信号中提取特定的目标频率信号。为了理解滤波电路的工作原理，我们首先要掌握**谐振电路**的基本概念。

- **串联谐振电路**：由电感 L 和电容 C 串联组成，谐振时阻抗 Z 最小。
- **并联谐振电路**：由电感 L 和电容 C 并联组成，谐振时阻抗 Z 最大。

下图展示一个连接了交流电源 v 的**串联谐振电路**。这个串联谐振电路的总阻抗会随着交流电源 v 的频率 f 变化。当 f 满足**谐**

振频率 f_0 的条件时，电路处于**谐振**状态，此时总阻抗 Z 达到**最小**。而在**并联谐振电路**中，当 f 满足**谐振频率** f_0 的条件，也就是发生谐振时，总阻抗 Z 达到**最大**。

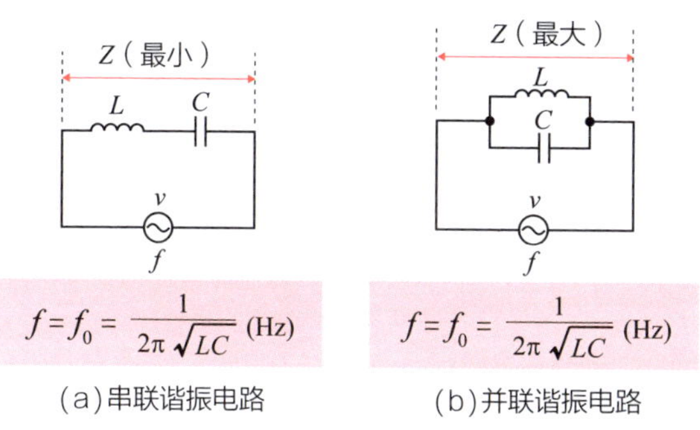

▲ 谐振电路

并联谐振电路的应用

并联谐振电路可用于构建专门提取目标频率信号的滤波电路。通过设定电感 L 和电容 C 的值，使电路在目标频率 f_0 处发生谐振。此时，并联谐振电路的总阻抗 Z 达到最大值，目标频率 f_0 的信号很难流入并联谐振电路，而是从输出端输出。相反，对于其他非目标频率（如 f_1 或 f_2）的信号，总阻抗 Z 不会达到最大值，这些信号会流入并联谐振电路，不会从输出端输出。

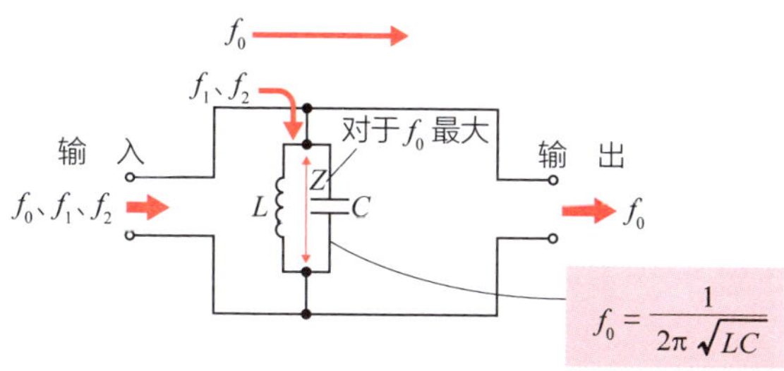

▲ 基于谐振电路的滤波电路示例

使用运算放大器的三种滤波电路

上述基于谐振电路的滤波器在应用上存在一定局限，如输出信号较弱。因此，通常在滤波电路中嵌入放大电路，仅放大目标频率信号，从而提高输出信号强度。以下是基于运算放大器（参见第 31 讲）的三种常见滤波电路。

- 低通滤波器（LPF）：提取低于某个频率的信号。
- 高通滤波器（HPF）：提取高于某个频率的信号。
- 带通滤波器（BPF）：提取位于某个频率范围内的信号。

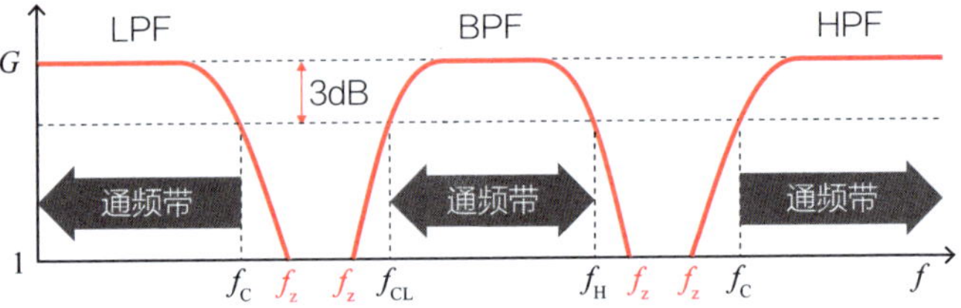

▲ 滤波电路的特性

滤波器的性能一般用增益（G）表示。当增益下降 3dB 时，信号放大程度被认为显著减弱，此时信号通常无法有效输出。增益下降 3dB 时对应的频率被称为**截止频率**（f_C），增益降至 0dB（即放大倍数为 1）时对应的频率被称为**零交叉频率**（f_Z）。

BPF 电路也可以通过串联 LPF 电路和 HPF 电路来实现。

仅由电感、电容等无源元件构成的滤波器被称为无源滤波器，而使用运算放大器、三极管等有源元件构成的滤波器被称为有源滤波器。

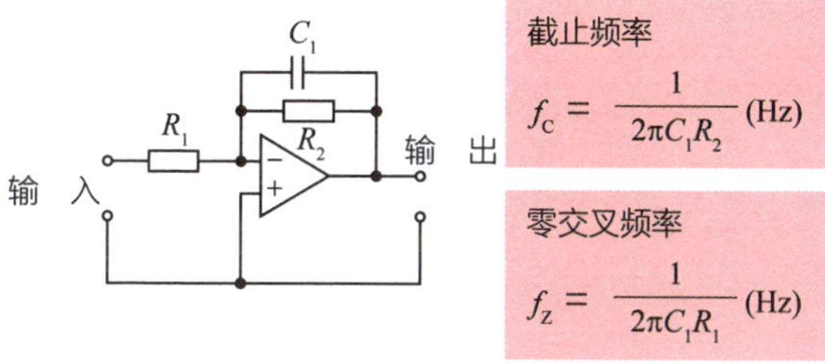

▲ LPF 电路示例

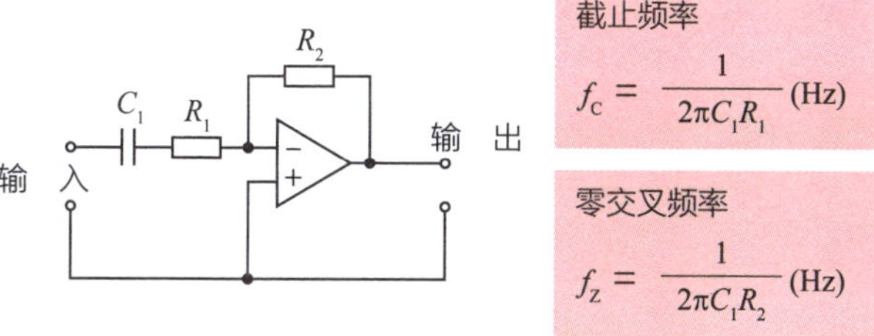

▲ HPF 电路示例

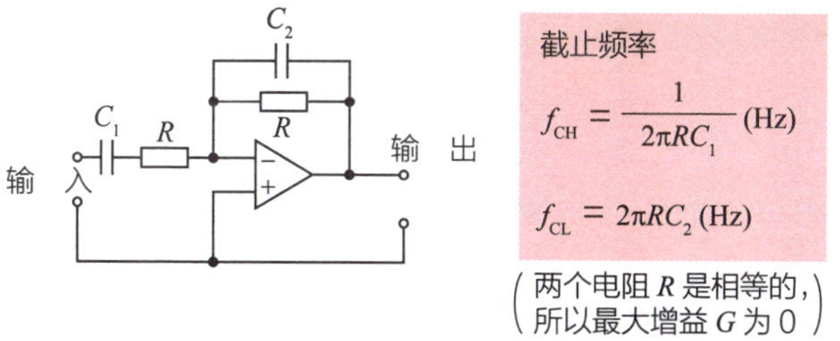

▲ BPF 电路示例

这里介绍的滤波器属于**模拟滤波器**。除此之外，还有一种**数字滤波器**，它通过计算机对信号进行数字运算实现更加精确和灵活的频率选择。数字滤波器具有更强的滤波能力，广泛用于现代信号处理领域。

第45讲 向远方传播声音：调制和解调

信号传输 /// ☑信号波 ☑调制波 ☑倍频电路

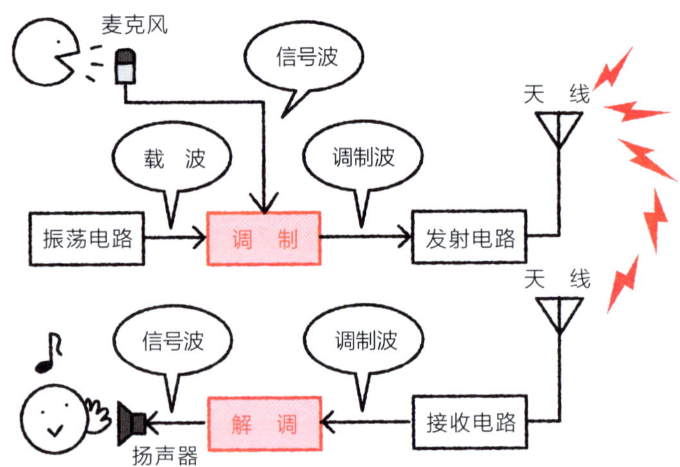

把信息加载到高频信号上

假设我们想将像声音这样的**低频**信号通过无线电波传送到远方。发射和接收无线电波都需要使用天线。天线的尺寸与电波的频率成反比，电波的频率越高（即高频），天线的尺寸可以做得越小。然而，人耳能够听到的声音频率范围是20Hz～20kHz，属于低频信号。如果直接用这种频率的电波进行传输，则需要非常大的天线，且传输效率会非常低。因此，我们需要引入一种被称为“**载波**”的高频信号，将声音信息加载到这个载波上再进行发射。在这个过程中，声音等信息所对应的信号被称为**信号波**。将信号波加载到载波上的过程被称为**调制**，调制后的信号被称为**调制波**。

- **载波**：用来携带信息的高频信号。
- **信号波**：想要发射的信息所对应的低频信号。
- **调制波**：加载了信号波的载波信号。

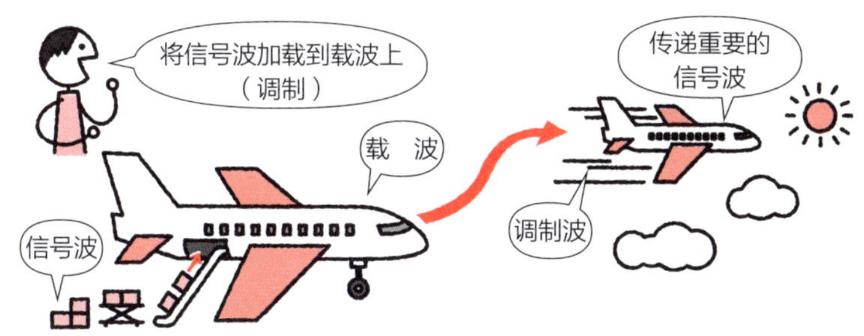

▲ 调制示意图

在接收端，从调制波中提取信号波的过程被称为**解调**。发射端的调制和接收端的解调是相反的处理过程。

- **调制**：在发射端将信号波加载到载波上的过程。
- **解调**：在接收端从调制波中提取信号波的过程。

调制有以下几种主要方式。

- **模拟调制**：载波和信号波都是模拟信号。
- **数字调制**：载波是模拟信号，信号波是数字信号。
- **脉冲调制**：载波是数字信号，信号波是模拟信号。

模拟调制的基本原理

每种调制方式还有多种类型，这里以载波和信号波均为模拟信号的**模拟调制**为例进行介绍。

假设载波 v_c 是正弦波，则可以用下式表示：

$$载波\ v_c = V_{cm} \sin(2\pi f_c t + \theta)\ (V)$$

幅度　频率　相位

▲ 载波（正弦波）的表达式

其中，π 是圆周率（常数）；t 是载波存在的时间；**幅度** V_{cm}、**频率** f_c 和**相位** θ 是决定载波状态的三个要素。要将信号波加载到载波上，需要把信息反映在这三个要素中的某一个上。

- **幅度调制（AM）**：将信号波的信息反映在载波的幅度上。这种调制方式电路简单，但容易受到噪声的影响。

- **频率调制（FM）**：将信号波的信息反映在载波的频率上。这种调制方式电路较为复杂，但抗干扰能力较强。

- **相位调制（PM）**：将信号波的信息反映在载波的相位上。虽然相位调制与频率调制类似，但调制波的频率达到最大值或最小值的时刻不同。

调制的示例

例如，通过幅度调制（AM）得到的调制波，其幅度会随着信号波的信息发生变化。为了便于理解，我们假设载波和信号波都是正弦波，下图给出了各种模拟调制后的波形。

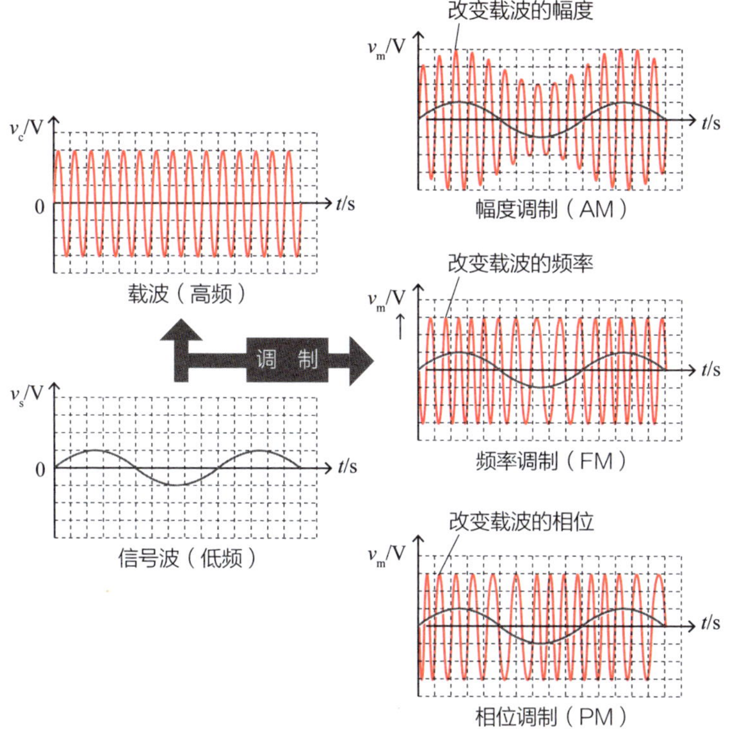

▲ 各种模拟调制的波形

各种调制生成的调制波会根据需要通过**倍频电路**转换为适合天线发射的无线电波频率。例如，收音机的 FM 广播就是利用了抗干扰能力强的频率调制（FM）来发射和接收音频信号，其使用的发射频率范围为 87 ~ 108MHz（中国）、76 ~ 90MHz（日本），这远高于人类声音信号的频率（20Hz ~ 20kHz）。

第46讲 进一步理解调制和解调

信号传输 ///　☑包络线　☑结电容　☑线性检波

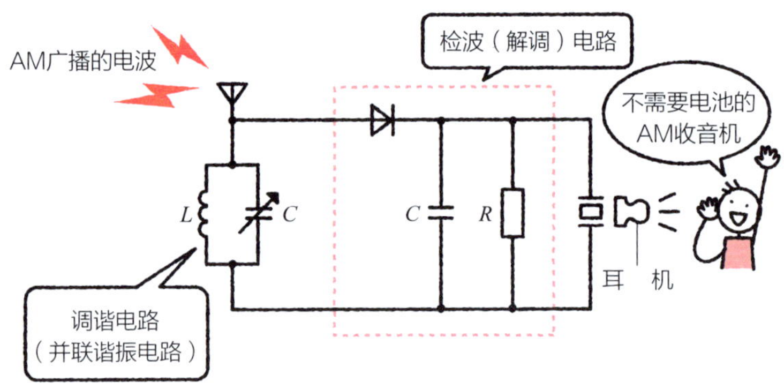

调制和解调

调制是指将需要传输的**信号**嵌入高频**载波**，从而生成调制波的过程。相反，从调制波中提取原始信号的过程被称为**解调**（参见第 45 讲）。解调也被称为**检波**。

调制与解调的方式多种多样，其中以**幅度调制**（AM）及其解调为基础。

幅度调制（AM）

幅度调制是根据输入信号的幅度变化来调节载波幅度，从而生成调制波。换句话说，调制波的幅度变化所连成的**包络线**包含了信号波的信息。实现幅度调制的电路有**集电极调制电路**、**基极调制电路**等。

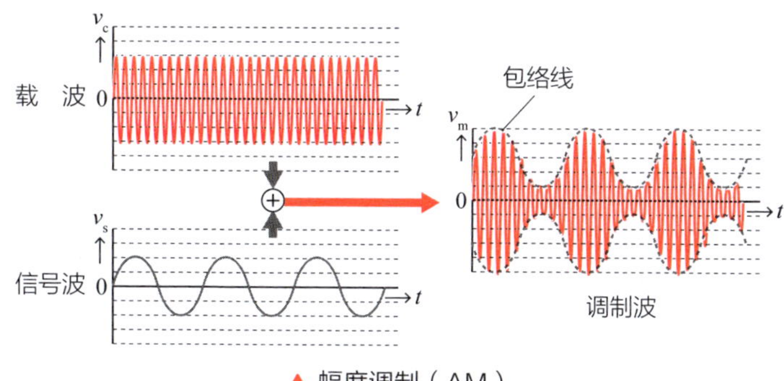

▲ 幅度调制（AM）

集电极调制电路通过三极管放大载波信号，并根据信号波的幅度改变输出幅度，从而生成调制波。线圈 T_3 和电容 C 组成的 LC 电路的谐振频率与载波频率匹配，确保输出的调制波频率与载波一致。同时，调制波的幅度中包含了信号波的信息。

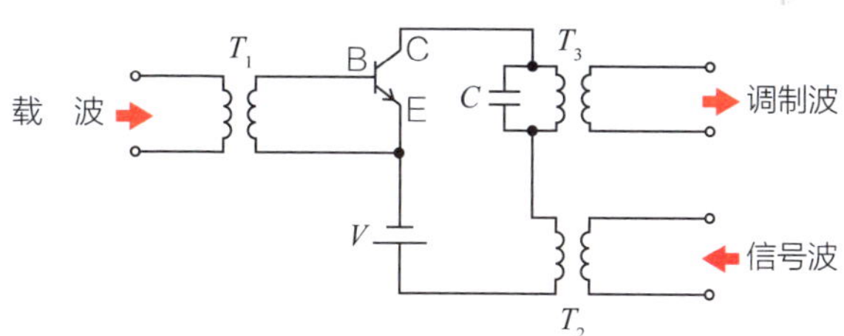

▲ 集电极调制电路

此电路中信号波是通过集电极端子加载的，因此被称为集电极调制电路。此类电路需要较高的功率，优点是能生成失真较小的调制波。

基极调制电路则是把载波和信号波一起输入三极管进行放大，生成调制波。线圈 T_2 和电容 C 组成的 LC 电路的谐振频率同样与载波频率一致，确保输出的调制波与载波的频率相符。由于信号波被加在三极管的基极端子，因此该电路被称为基极调制电路。相较于集电极调制电路，基极调制电路更适合处理低功率、小幅度的信号波，其缺点是电路调试更复杂，同时调制波容易失真。

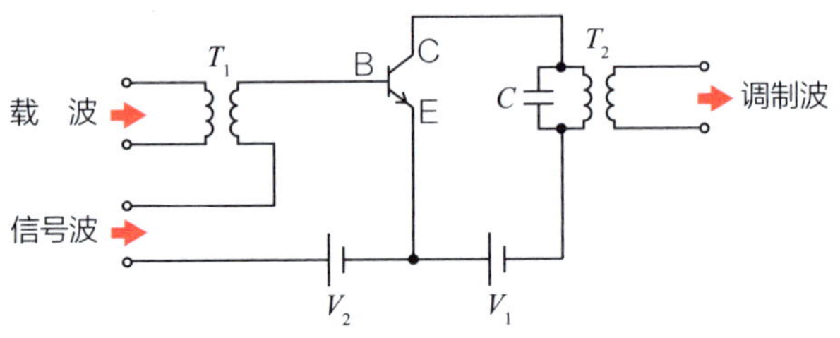

▲ 基极调制电路

幅度调制信号的解调

要对经过幅度调制的调制波进行解调（检波），可以利用二极管的正向特性（参照第 21 讲）。检波二极管通常需要在高频下工作，因此要选用**结电容**较小的元件，如**锗点接触二极管**和**肖特基二极管**等。对于小幅度的调制波，可以利用二极管特性曲线的弯曲部分进行检波。但利用二极管特性曲线的直线部分进行**线性检波**更为常见。

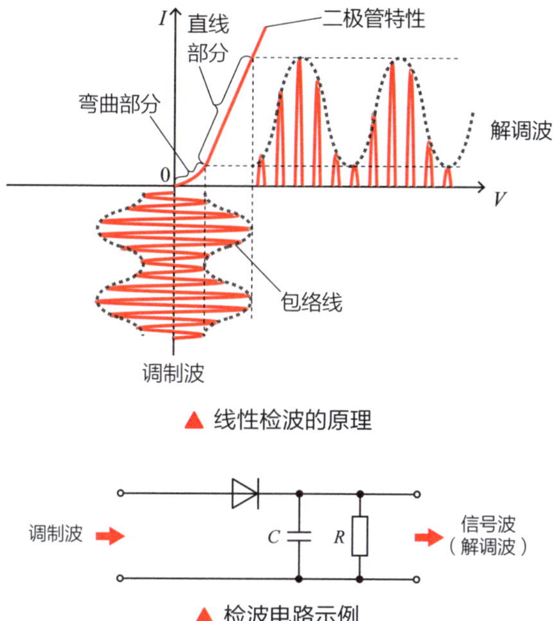

▲ 线性检波的原理

▲ 检波电路示例

检波电路中的电容 C 对高频信号的阻抗较小，可以滤除高频成分。同时，电容 C 和电阻 R 组成的充放电电路提取出信号波的包络线，完成信号的解调。

这种检波电路的结构与半波整流电路（见第 132 页）相似。

专栏4 用示波器观察交流电压的变化

在电气测量中，模拟或数字**万用表**是常用仪表，它们可以测量电阻、电压（直流与交流）、电流等基本参数。而对于更复杂的信号测量（如交流电压波形），则需要用**示波器**。

示波器能够显示信号随时间变化的波形（通常为电压随时间变化的曲线），直观地反映信号的幅度、频率等特性。特别是现代数字示波器，支持复杂的数学运算（如快速傅里叶变换），连接计算机后能进行深入的数据分析。随着技术的进步，数字示波器的价格逐渐降低，已开始普及到家庭及教育用途。

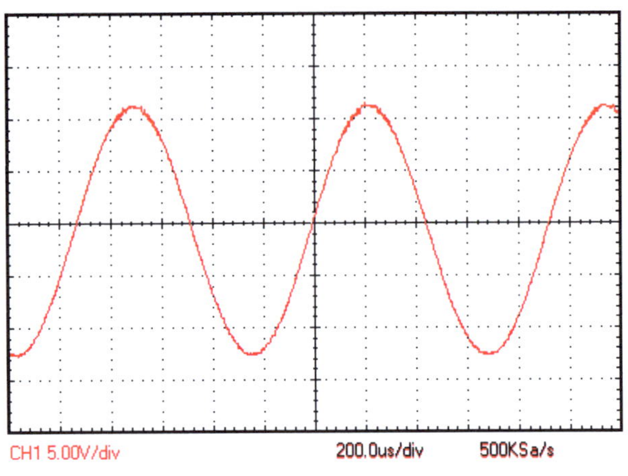

▲ 示波器波形观测示例

第5章 探索数字电路

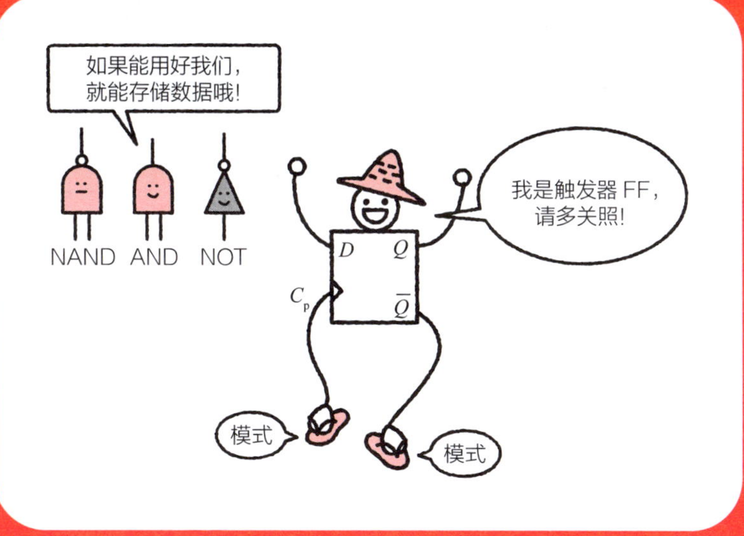

如果能用好我们，
就能存储数据哦!
NAND
AND
NOT
我是触发器 FF，
请多关照!
D
Q
C_p
$\overline{Q}$
模式
模式

第47讲 理解计算机操作：逻辑运算

逻辑电路 /// ☑逻辑电路 ☑算术运算 ☑逻辑运算

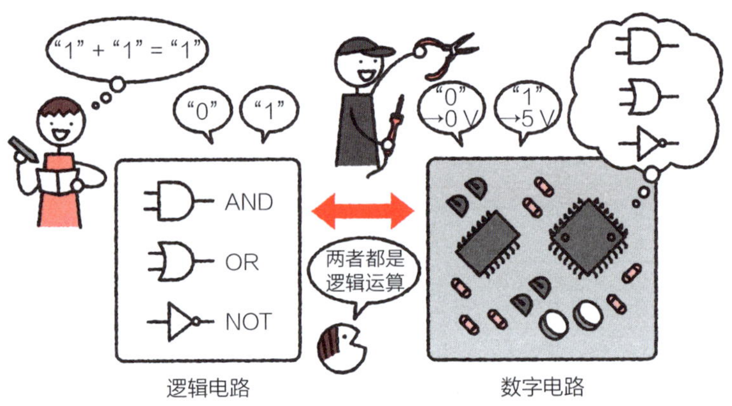

数字电路与逻辑电路

数字电路是处理由"0"和"1"组成的数字信号的电子电路。在数字电路中，通常需要将"0"和"1"转换为实际电压值进行处理。例如，可以用"0"表示0V，用"1"表示5V。要注意的是，具体的电压值根据电路设计和标准有所不同，常见的还有3.3V、1.8V等。

逻辑电路则专注于对数字信号"0"和"1"的逻辑运算，不局限于实际的电子电路。在逻辑电路中，不需要考虑具体的电压值，直接将其视为抽象意义上的"0"和"1"。

虽然两者在内涵上存在差异，但在实际应用中，数字电路和逻辑电路被频繁交替使用，且很少需要严格区分。

算术运算与逻辑运算

我们在日常生活中做的 2+5=7 这样的计算被称为算术运算。而在逻辑电路中，针对数字信号“0”和“1”进行的计算被称为逻辑运算。

- **算术运算**：以加、减、乘、除四则运算为基础的计算。
- **逻辑运算**：以“0”和“1”为对象的与（AND）、或（OR）、非（NOT）等运算。

听到“逻辑”这个词，你可能觉得它很难，但逻辑运算其实比算术运算更简单。算术运算处理的对象是多位数，会因加法、减法等操作产生进位或借位。例如，6+8=14，运算结果十位上的“1”来自个位数的进位。而逻辑运算的结果始终保持一位（个位），不会发生进位或借位。例如，“1”与“1”进行逻辑与运算，结果仍为“1”。

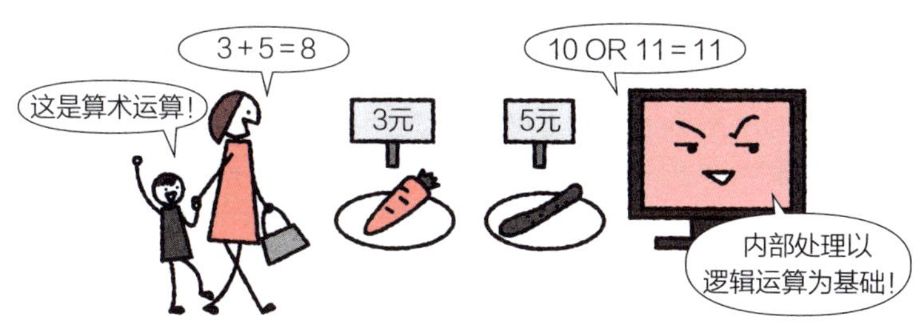

▲ 算术运算与逻辑运算

计算机通过其内部的逻辑电路（数字电路），能够快速完成复杂的算术运算。但换个角度来看，计算机内部是通过高速处理逻辑运算的组合来获得算术运算的结果的。因此，要理解计算机的工作原理，逻辑运算的知识必不可少。

第48讲 梳理基本逻辑电路

逻辑电路 /// ☑真值表 ☑逻辑或 ☑逻辑与

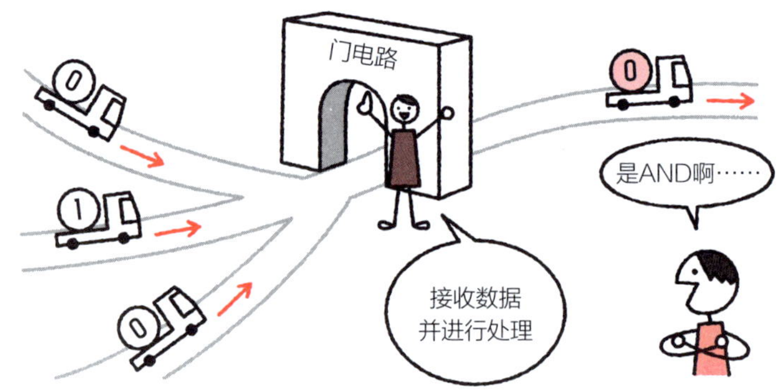

逻辑电路的基本概念

让我们从基础开始，了解执行逻辑运算的基本**逻辑电路**。想象一个简单的逻辑电路，它有一个输入端子和一个输出端子。输入到逻辑电路或从逻辑电路输出的数据只能是“0”或“1”。假设这个逻辑电路按照以下规则处理数据。

- 当输入为“0”时，输出为“1”。
- 当输入为“1”时，输出为“0”。

这些规则可以整理成一个表格——**真值表**，而表示处理过程的公式被称为**逻辑表达式**。在这个例子中，逻辑电路输出的是输入值的否定（反转）。数字信号的世界里只有“0”和“1”，因此“非 0”即为“1”，“非 1”即为“0”。这种逻辑运算被称为**逻辑非**（NOT），用符号“⁻”（上划线）表示。

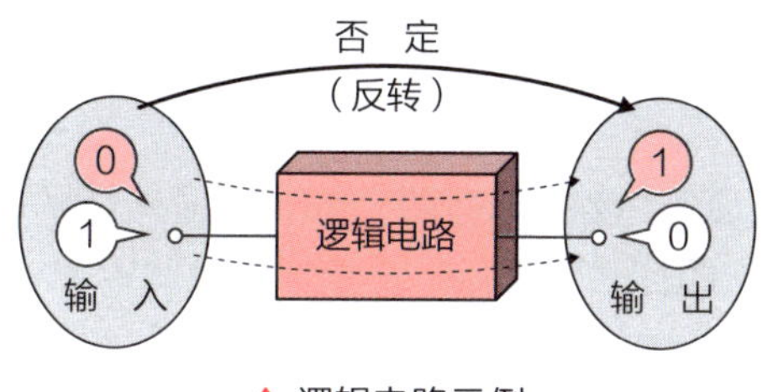

▲ 逻辑电路示例

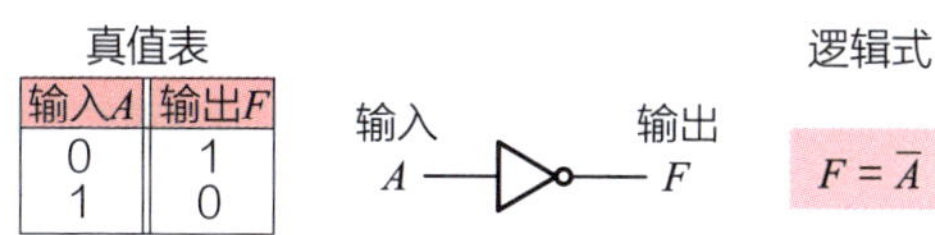

真值表

输入 A	输出 F
0	1
1	0

▲ 逻辑非（NOT）电路

除了逻辑非，基本逻辑电路还有**逻辑与**（AND）和**逻辑或**（OR）等。下表列出了这些基本逻辑电路的图形符号。

▼ 基本逻辑电路 1

逻辑运算	NOT（逻辑非）	AND（逻辑与）	OR（逻辑或）
图形符号	A—▷○—F	A, B — AND — F	A, B — OR — F
	A, B — [1]○ — F	A, B — [&] — F	A, B — [≧1] — F
逻辑表达式	$F=\overline{A}$	$F=A\cdot B$	$F=A+B$
真值表	A F 0 1 1 0	A B F 0 0 0 0 1 0 1 0 0 1 1 1	A B F 0 0 0 0 1 1 1 0 1 1 1 1

逻辑与，逻辑或

逻辑与（AND）电路有两个或更多输入端子，输出为输入数据的逻辑乘积。这意味着只有当所有输入都为“1”时，输出才为“1”。

逻辑或（OR）电路也有两个或更多输入端子，但输出的是输入数据的逻辑和。

要注意的是，在逻辑运算中，“1”+“1”仍然等于“1”，而不是算术运算中的“2”。这是因为在逻辑运算中，“0”可以视为“假”或“不存在”，而“1”视为“真”或“存在”。因此，“1”+“1”表示“真”+“真”，结果仍然是“真”，即“1”。

逻辑非（NOT）电路只有一个输入和一个输出端子。而逻辑与（AND）和逻辑或（OR）电路虽然只有一个输出端子，但可以有多个输入端子。即使输入端子有三个或更多，逻辑运算的规则仍然保持不变。

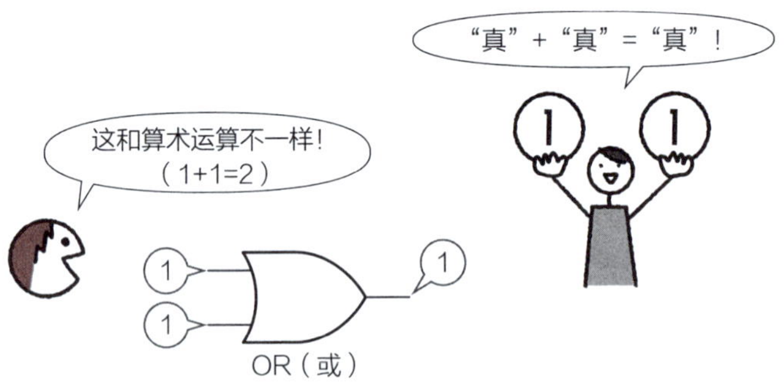

▲ 逻辑或（OR）的逻辑运算

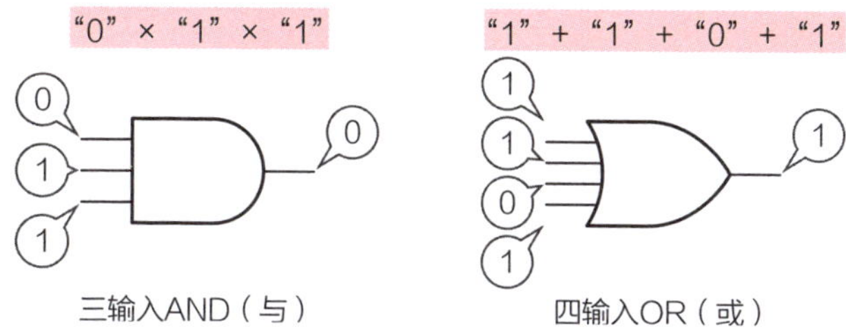

▲ 多输入的逻辑运算电路示例

与非，或非

此外，基本逻辑电路还包括执行逻辑缓冲（buffer）、逻辑与非（NAND）、逻辑或非（NOR）等逻辑运算的电路。这些逻辑电路的输出分别是将逻辑非（NOT）、逻辑与（AND）、逻辑或（OR）的运算结果进行逻辑非运算后的结果。

▼ 基本逻辑电路 2

逻辑运算	缓冲器	NAND（逻辑与非）	NOR（逻辑或非）
图形符号	A—▷—F	A, B — NAND — F	A, B — NOR — F
逻辑表达式	$F = A$	$F = \overline{A \cdot B}$	$F = \overline{A + B}$
真值表	A F 0 0 1 1	A B F 0 0 1 0 1 1 1 0 1 1 1 0	A B F 0 0 1 0 1 0 1 0 0 1 1 0

逻辑电路就像一个处理输入数据并输出结果的门（gate），因此也被称为门电路。另外，逻辑与运算的符号通常用“·”来表示，而不是算术中的“×”。

第49讲 逻辑电路和逻辑表达式

逻辑电路 /// ☑逻辑表达式 ☑异或 ☑一致电路

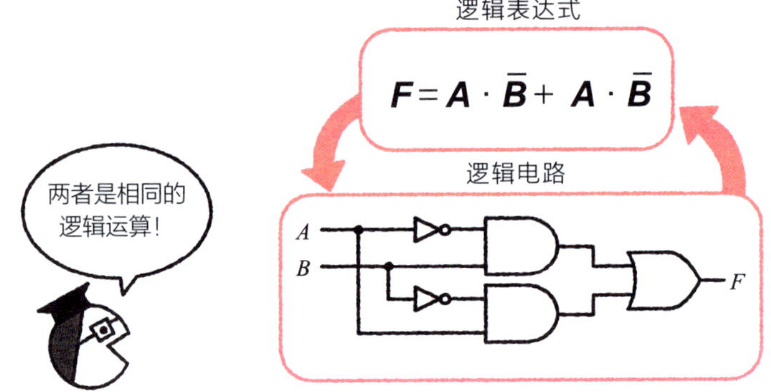

稍微复杂一些的逻辑电路

将基本的逻辑门（如与门、或门、非门）组合在一起，可以构建出稍微复杂一些的逻辑电路。例如，下图展示了一个具有两个输入的逻辑电路。

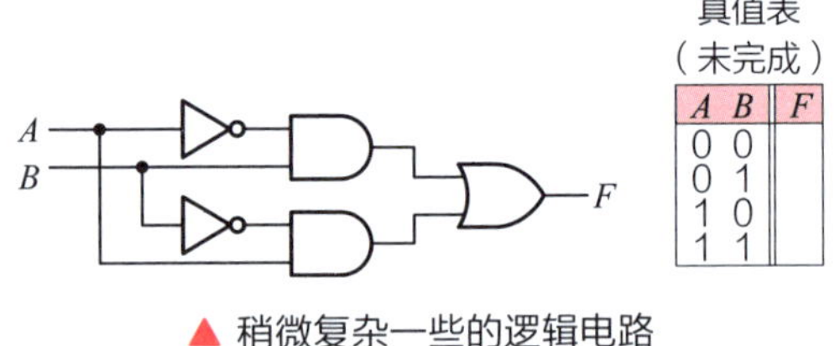

真值表（未完成）

A	B	F
0	0	
0	1	
1	0	
1	1	

▲ 稍微复杂一些的逻辑电路

对于具有两个输入的电路，输入组合共有四种可能（00、01、10、11）。将这些组合输入电路，观察其输出，便可以完成**真值表**。

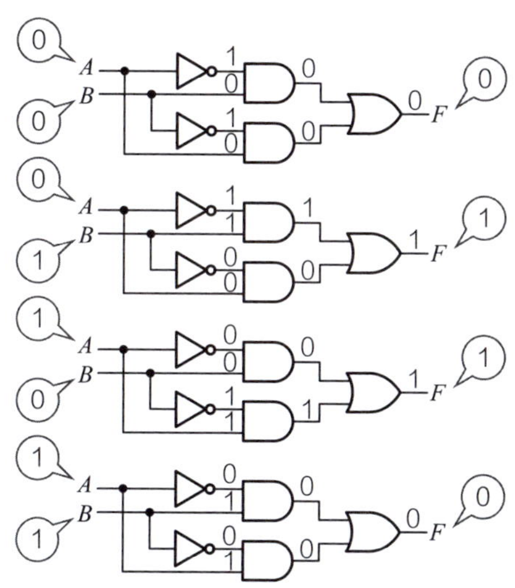

▲ 稍微复杂一些的逻辑电路的操作

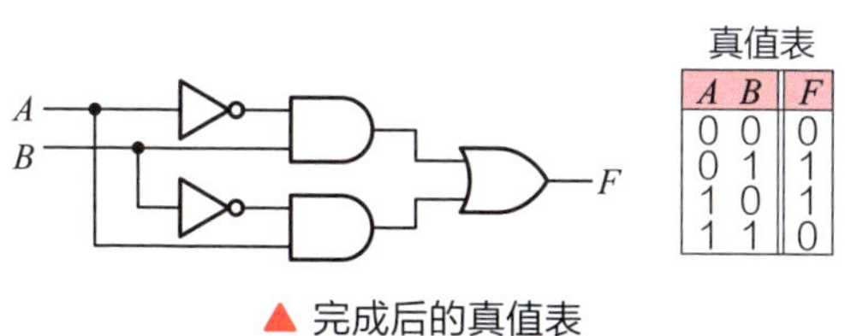

真值表

A	B	F
0	0	0
0	1	1
1	0	1
1	1	0

▲ 完成后的真值表

接下来，我们尝试用逻辑表达式来描述这个逻辑电路的功能。基本的逻辑表达式如下。

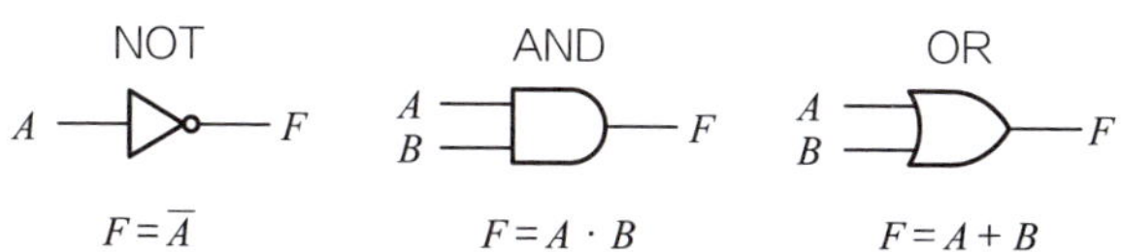

▲ 基本逻辑表达式

将这些基本逻辑表达式应用到稍微复杂一些的逻辑电路中，可以得到该电路的逻辑表达式。

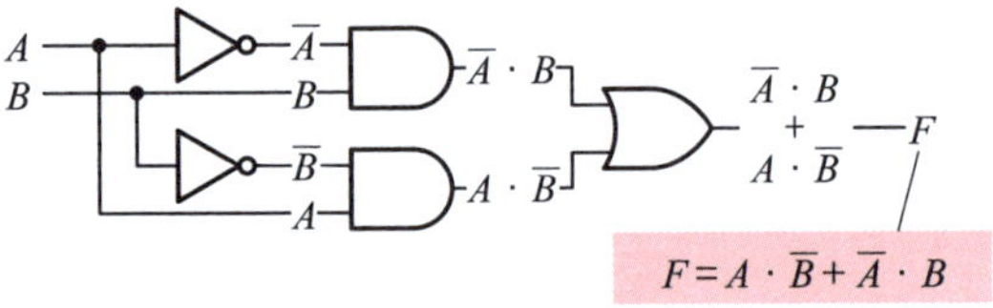

▲ 稍微复杂一些的逻辑电路的逻辑表达式

逻辑异或，逻辑异或非

逻辑电路可以用逻辑表达式来表示，反之亦然。因此，逻辑电路和逻辑表达式是相互对应的。

在上述稍微复杂一些的逻辑电路中，当输入值不同（“0”和“1”，“1”和“0”）时，输出为“1”。这种逻辑运算被称为**异或（XOR，Exclusive OR）**，它有专门的图形符号和逻辑表达式。此外，还有一种被称为**异或非（XNOR，Exclusive NOR）**的逻辑运算。

逻辑运算	XOR（异或）	XNOR（异或非）
图形符号	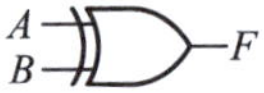	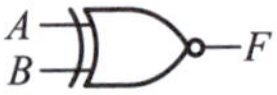
逻辑表达式	$F=A\oplus B$ （$F=A\cdot\overline{B}+\overline{A}\cdot B$）	$F=\overline{A\oplus B}$ （$F=A\cdot B+\overline{A}\cdot\overline{B}$）
真值表	A B | F 0 0 | 0 0 1 | 1 1 0 | 1 1 1 | 0	A B | F 0 0 | 1 0 1 | 0 1 0 | 0 1 1 | 1

▲ 图形符号和逻辑表达式

异或非（XNOR）的功能是将异或（XOR）的运算结果进行逻辑非（NOT）运算后输出。

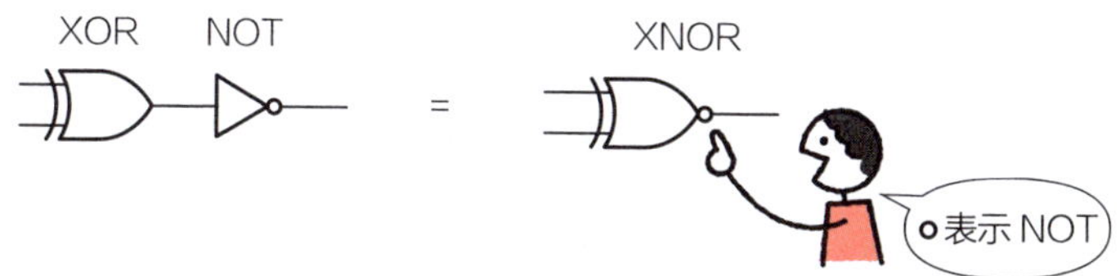

▲ 异或和异或非

类似地，逻辑与非（NAND）的功能是将逻辑与（AND）的运算结果进行逻辑非（NOT）运算后输出。

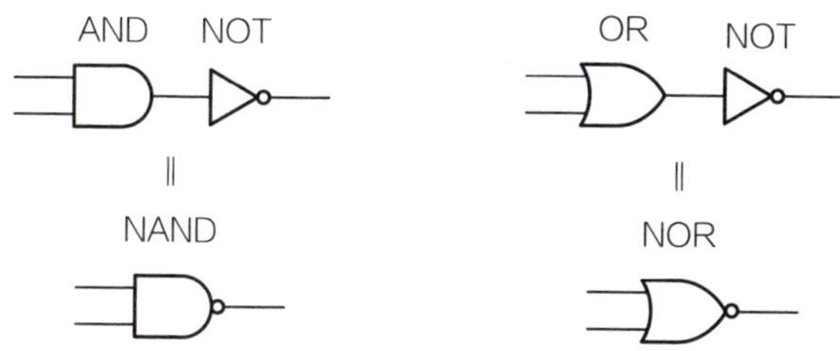

▲ 基本逻辑电路的关系

逻辑异或（XOR）只有在输入值不相同（“0”和“1”，“1”和“0”）时才输出“1”，因此也被称为**不一致电路**。它常用于比较两个数字信号是否不同。

相反，逻辑异或非（XNOR）只有在输入相同（“0”和“0”，“1”和“1”）时才输出“1”，因此也被称为**一致电路**。它常用于判断两个数字信号是否相同。这里讨论了两个输入（A、B）的情况，但也可以扩展到三个输入或者更多输入，构建更复杂的不一致电路或一致电路。

第50讲 通过真值表化简逻辑电路

逻辑电路 /// ☑逻辑化简 ☑逻辑压缩

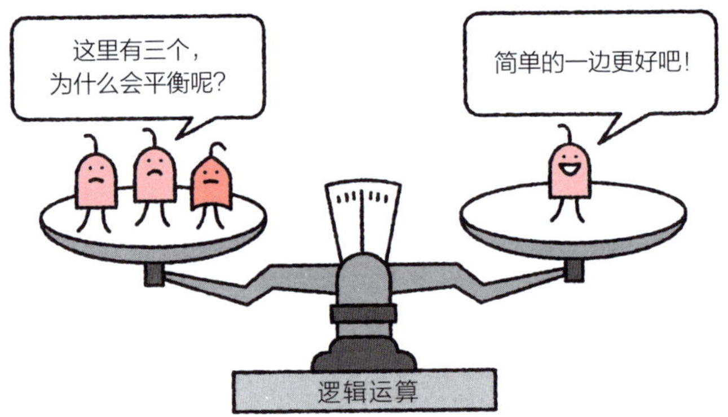

四种输入模式

让我们为以下由逻辑与（AND）和逻辑或（OR）组成的逻辑电路创建真值表。

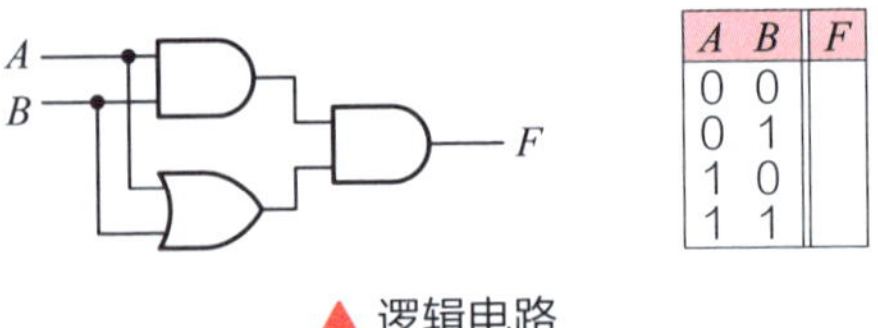

A	B	F
0	0	
0	1	
1	0	
1	1	

▲ 逻辑电路

两个输入（A 和 B），共有四种输入组合（00、01、10、11）。我们将这些组合输入电路，观察其输出，并完成真值表。

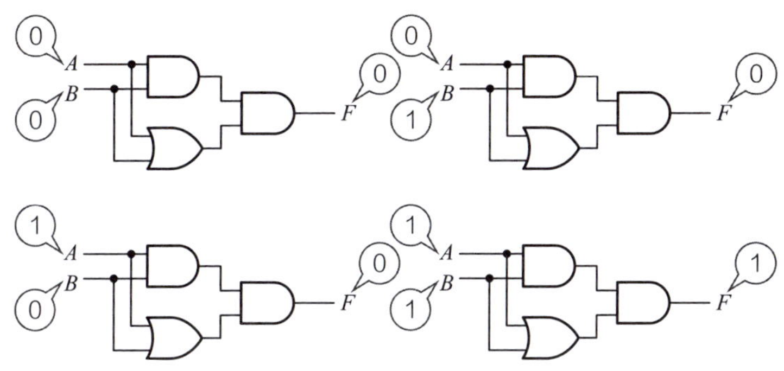

▲ 逻辑电路的操作

看看得到的真值表，你有没有发现什么？

A	B	F
0	0	0
0	1	0
1	0	0
1	1	1

▲ 得到的真值表

这个真值表和逻辑与（AND）的真值表（第 159 页）是相同的。也就是说，这个逻辑电路的作用和单个逻辑与（AND）是一样的。换句话说，虽然这个逻辑电路使用了两个逻辑与（AND）和一个逻辑或（OR），但实际上它可以用一个逻辑与（AND）替代。这就是逻辑电路化简。

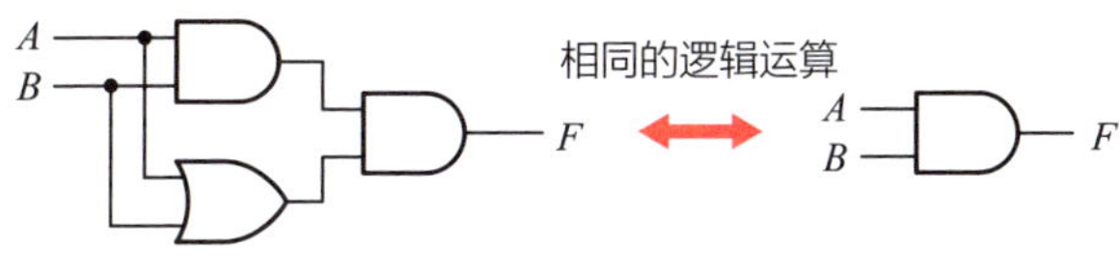

▲ 逻辑电路化简示例

逻辑电路化简规则

为了理解逻辑电路化简的机制，我们来分析一下逻辑电路的逻辑表达式。

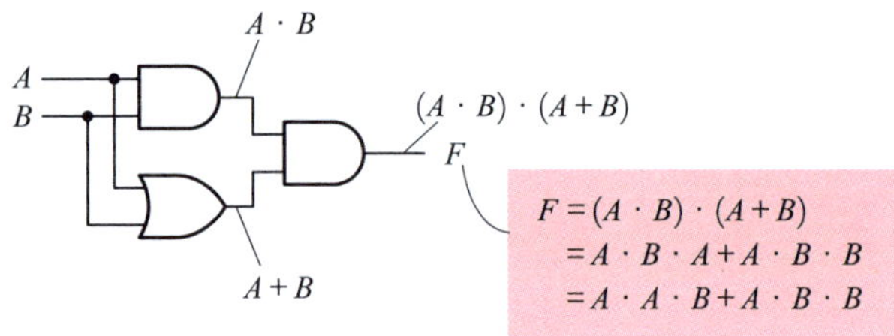

▲ 逻辑电路的逻辑表达式

如果按照处理模拟值的常规方式进行表达式变换，那么这个逻辑电路对应的逻辑表达式就是 $F=A\cdot A\cdot B+A\cdot B\cdot B$。但是，这里处理的是只有“0”和“1”的数字信号，进行的是逻辑运算。比如，考虑一下 $A\cdot A$ 的逻辑运算，作为数字信号的 A 的值不是 0 就是 1。如果 $A=0$，那么 $A\cdot A=0\cdot 0=0$。如果 $A=1$，那么 $A\cdot A=1\cdot 1=1$。也就是说，$A\cdot A=A$ 始终成立。利用这类规则，我们可以对逻辑表达式进行化简。

逻辑化简

那么，我们来考虑一下之前得出的逻辑表达式 $F=A\cdot A\cdot B+A\cdot B\cdot B$ 的化简。

$F=A\cdot A\cdot B+A\cdot B\cdot B$（根据同一律 $A\cdot A=A$，$B\cdot B=B$）

$=A\cdot B+A\cdot B$（根据同一律，设 $A\cdot B$ 为 X，则 $X+X=X$）

$=A\cdot B$

名称	表达式	
0-1 律	$1+A=1$ $0\cdot A=0$	
	$0+A=A$ $1\cdot A=A$	
同一律	$A+A=A$ $A\cdot A=A$	把 A 换做 B 也一样
互补律	$A+\overline{A}=1$ $A\cdot\overline{A}=0$	
对合律	$\overline{\overline{A}}=A$	
交换律	$A+B=B+A$ $A\cdot B=B\cdot A$	
结合律	$A+(B+C)=(A+B)+C$ $A\cdot(B\cdot C)=(A\cdot B)\cdot C$	
分配律	$A\cdot(B+C)=A\cdot B+A\cdot C$ $(A+B)\cdot(A+C)=A+B\cdot C$	
吸收律	$A\cdot(A+B)=A$，$A+A\cdot B=A$ $A+\overline{A}\cdot B=A+B$，$\overline{A}+A\cdot B=\overline{A}+B$	
德·摩根定律	$\overline{A+B}=\overline{A}\cdot\overline{B}$ $\overline{A\cdot B}=\overline{A}+\overline{B}$	

▲ 逻辑表达式化简规则

逻辑表达式与逻辑电路是相对应的，逻辑表达式化简意味着可以用更简单的逻辑电路实现相同的功能。在这个例子中，可以确认原始逻辑表达式可以用一个逻辑与（AND）实现。实际设计电路时，如果使用数字 IC（参见第 30 讲），就可以不用逻辑或（OR）IC 了。化简带来的优点很多，如节省元件成本、降低功耗和缩小电路规模等。逻辑表达式的化简也称为**逻辑压缩**。

这一节，我们介绍了通过变换逻辑表达式来化简逻辑电路的方法。除此之外，还有通过图形化的方法进行逻辑化简的卡诺图化简法，以及适合计算机自动化生成最简表达式的奎因－麦克拉斯基算法。

第 51 讲 十进制与二进制：数字电路基础

数字世界的计算 ///　☑进制　☑基数　☑舍入误差

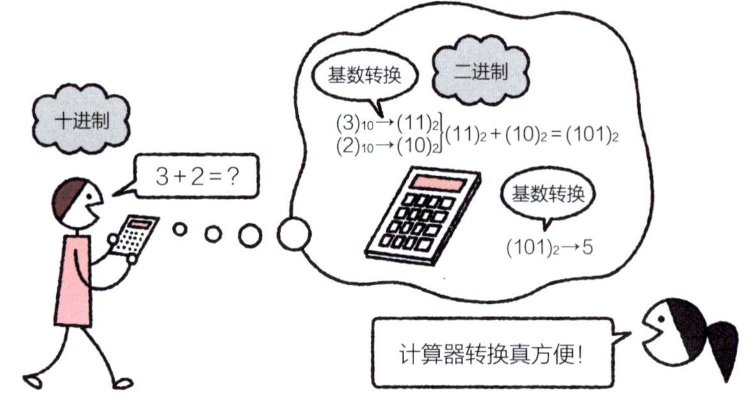

理解数字电路所需的二进制

在日常生活中，我们使用 0 ~ 9 这 10 个数字表示数值。当某一位数大于 9 时，就会在高位产生进位，如 9+1=10。这样的计数系统被称为**十进制**。

在数字电路的世界里，只有 0 和 1 这两个数字。当某一位数大于 1 时，也会在高位产生进位，如 1+1=10。这样的计数系统被称为**二进制**。

以计算机为代表的数字电路无法直接处理十进制数。例如，当我们在计算器（这是一种计算机）上输入“3+2=”时，计算器显示的结果是 5。这里，输入的 3 和 2 是十进制数。然而，作为数字电路的计算器是无法直接解读十进制数的。因此，要将十进制的 3 和 2 转换为二进制数（11 和 10），再进行计算：11+10=101。但直接显示二进制计算结果 101，在我们看来是“一百零一”。因此，要将二进制数 101 转换为十进制数 5 后再显示。

尽管计算器隐藏了这些转换过程，但理解二进制是理解数字电路的基础。

▼ 十进制数与二进制数的对应关系

十进制	二进制	十进制	二进制
0	0	7	111
1	1	8	1000
2	10	9	1001
3	11	10	1010
4	100	11	1011
5	101	12	1100
6	110	13	1101

位，比特

读取数值时，二进制数的 0 和 1 是逐位读出的。例如，二进制数 101 读作“一零一”。“一百零一”是十进制数的读法。如果想明确表示这是二进制数，有时会写成 $(101)_2$。此外，在二进制中，业内人士习惯把数位称为**比特**（bit）。例如，$(101)_2$ 是 3bit 的二进制数。

我们来看二进制数的四则运算。注意，在二进制中，1+1 的计算结果不会是 2，而是向高位进位，结果为 10。

$$
\begin{array}{rr}
 & 11 \\
+) & 1 \\
\hline
 & 100
\end{array}
\qquad
\begin{array}{rr}
 & 10 \\
-) & 1 \\
\hline
 & 1
\end{array}
\qquad
\begin{array}{rr}
 & 10 \\
\times) & 11 \\
\hline
 & 10 \\
+) & 10 \\
\hline
 & 110
\end{array}
\qquad
\begin{array}{r}
11 \\
10\overline{)110} \\
10 \\
\hline
10 \\
10 \\
\hline
0
\end{array}
$$

（加）　（减）　（乘）　（除）

▲ 二进制的四则运算示例

进制转换

十进制的 10 和二进制的 2 被称为**基数**。将数字用其他基数表示的过程被称为**基数转换**或**进制转换**。例如，将十进制数 5 转换为二进制的结果是 101。反之，将二进制数 101 转换为十进制的结果是 5。

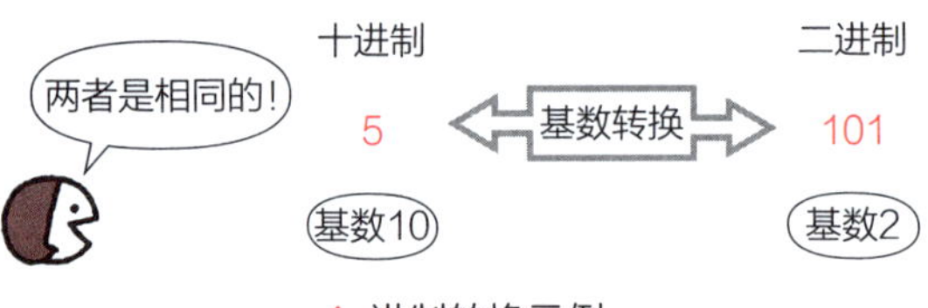

▲ 进制转换示例

二进制→十进制的进制转换

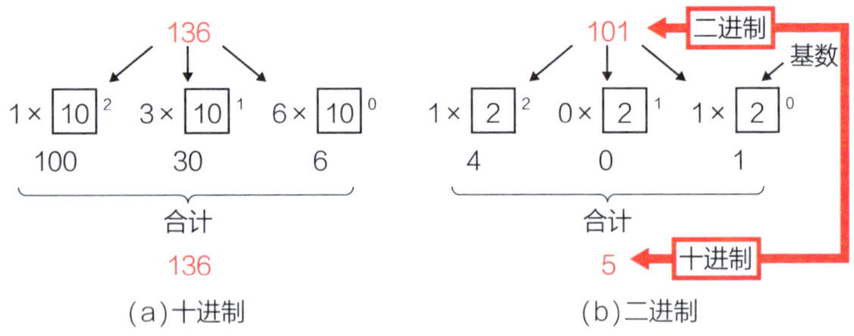

▲ 数的构成示例

改变基数后，二进制数的构成也可以按同样的方式来考虑。通过这种方式，可以将二进制数 101 转换为十进制数 5。

十进制数→二进制数的基数转换

将十进制数不断除以 2，直到商为 0 为止。在每次除法中，记录下来的余数将是 0 或 1。将所有余数从下到上排列，即可得到最终的二进制数。例如，十进制数 4 转换为二进制的结果是 100。

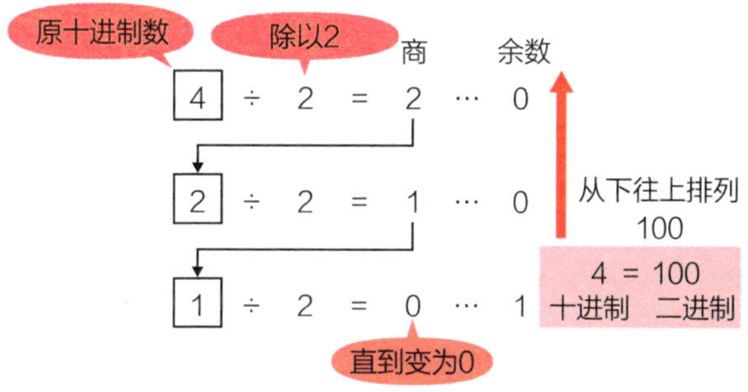

▲ 不断除以 2 直到商为 0

舍入误差

这里我们只处理了整数，但带有小数部分的实数也有进制转换的需求。例如，将十进制数 0.1 转换为二进制，结果为 0.000110011001100 11…其中，0011 是无限循环的，这样的小数被称为循环小数。数字电路不能处理无限位的数，因此超出可用位数的数据只能被舍弃，这就产生了误差——**舍入误差**。计算机并不是万能的，在需要精确计算结果的情况下，处理数据要充分考虑舍入误差的影响。

第52讲 了解加密原理：编码器和解码器

数字世界的计算 ///　☑编码　☑编码器　☑解码器

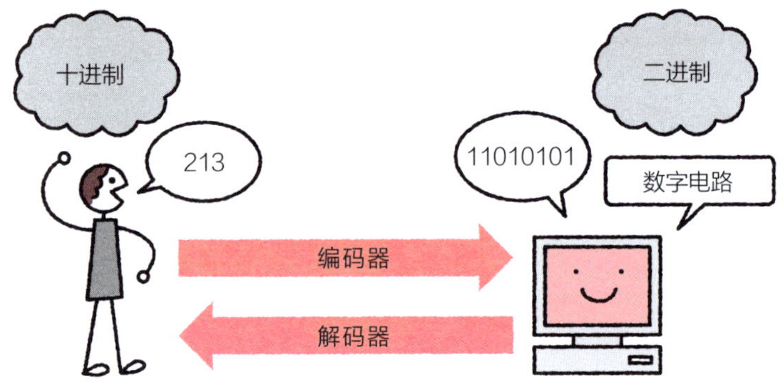

编码与解码

想象一下，我们要对一篇文章进行**加密**。原始文档是大多数人都能理解的数据，但加密后只有特定的人能解读。加密的过程被称为**编码**，执行编码的设备被称为**编码器**。相反，将编码后的数据还原为原始数据的过程被称为**解码**，负责解码的设备被称为**解码器**。

- **编码器**：对数据进行编码的设备。
- **解码器**：对编码数据进行解码的设备。

这里，我们将日常使用的十进制数视为原始数据，把数字电路使用的二进制数看作编码数据。

编码器

设想一个将 1 位十进制数转换为 4 位二进制数的电路。由于数字电路本质上只能处理二进制数据，因此需要用特定的设计将十进制数转换为二进制数。准备 10 个输入端子，分别对应十进制数 0 ~ 9。只有一个输入端子置 1，其余都是 0。对应 1 的那个端子所对应的数字就是输入的十进制数。输出是 4 位二进制数，可以表示 16 种数据形式，即 $(0000)_2$ ~ $(1111)_2$，但这里只使用十进制数 0 ~ 9 对应的 $(0000)_2$ ~ $(1001)_2$。

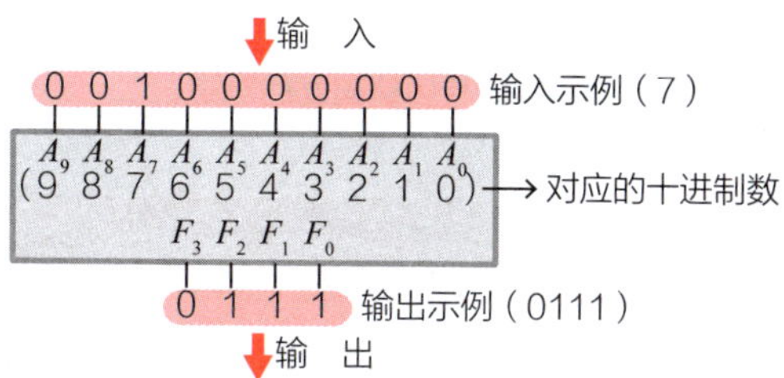

▲ 进制转换编码器的构成

为了验证编码器的功能，我们使用真值表列出所有可能的输入与相应的输出。

▼ 进制转换编码器的真值表

A_9	A_8	A_7	A_6	A_5	A_4	A_3	A_2	A_1	A_0	F_3	F_2	F_1	F_0
0	0	0	0	0	0	0	0	0	1	0	0	0	0
0	0	0	0	0	0	0	0	1	0	0	0	0	1
0	0	0	0	0	0	0	1	0	0	0	0	1	0
0	0	0	0	0	0	1	0	0	0	0	0	1	1
0	0	0	0	0	1	0	0	0	0	0	1	0	0
0	0	0	0	1	0	0	0	0	0	0	1	0	1
0	0	0	1	0	0	0	0	0	0	0	1	1	0
0	0	1	0	0	0	0	0	0	0	0	1	1	1
0	1	0	0	0	0	0	0	0	0	1	0	0	0
1	0	0	0	0	0	0	0	0	0	1	0	0	1

使用多输入的逻辑或（OR）电路，可以实现这种将十进制转换为二进制的编码器功能。

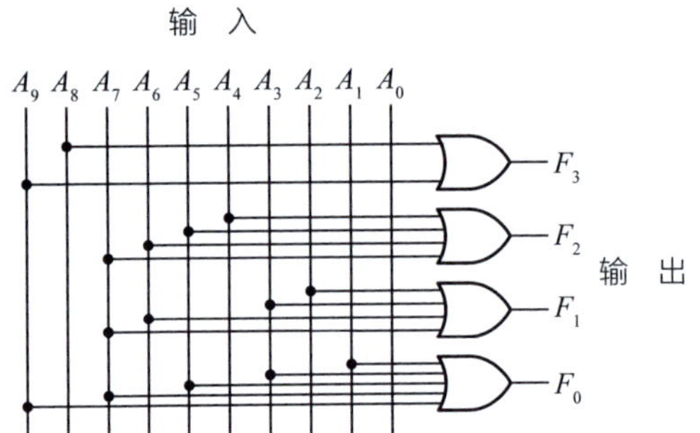

▲ 进制转换编码器的电路

解码器

设想一个将 4 位二进制数解码为 1 位十进制数的数字电路。解码器的输入端子有 4 个，输出端子有 10 个。输出为 1 的端子只有 1 个，对应的数字就是解码后的十进制数。

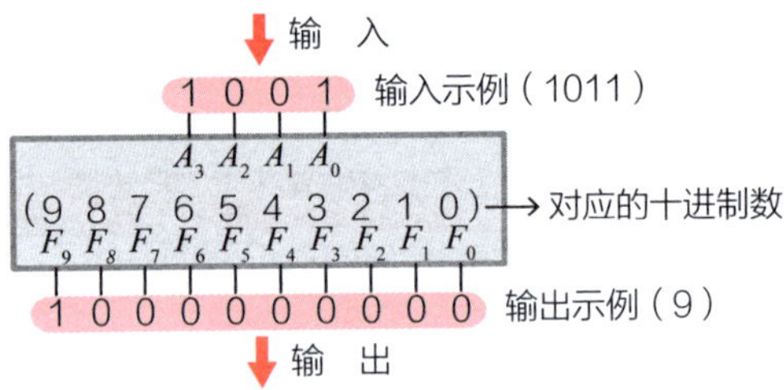

▲ 进制转换解码器的构成

▼ 进制转换解码器的真值表

A_3	A_2	A_1	A_0	F_9	F_8	F_7	F_6	F_5	F_4	F_3	F_2	F_1	F_0
0	0	0	0	0	0	0	0	0	0	0	0	0	1
0	0	0	1	0	0	0	0	0	0	0	0	1	0
0	0	1	0	0	0	0	0	0	0	0	1	0	0
0	0	1	1	0	0	0	0	0	0	1	0	0	0
0	1	0	0	0	0	0	0	0	1	0	0	0	0
0	1	0	1	0	0	0	0	1	0	0	0	0	0
0	1	1	0	0	0	0	1	0	0	0	0	0	0
0	1	1	1	0	0	1	0	0	0	0	0	0	0
1	0	0	0	0	1	0	0	0	0	0	0	0	0
1	0	0	1	1	0	0	0	0	0	0	0	0	0

解码器可以使用逻辑非（NOT）电路和多输入的逻辑与（AND）电路按如下方式实现。

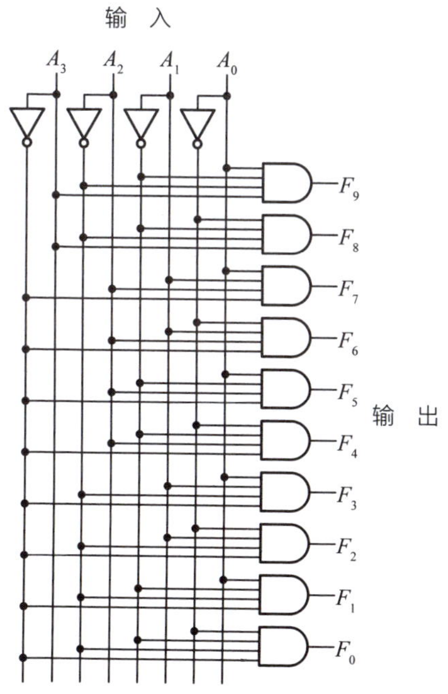

▲ 进制转换解码器的电路

第53讲 通过实例掌握算术运算电路

数字世界的计算 /// ☑算术运算 ☑半加器 ☑全加器

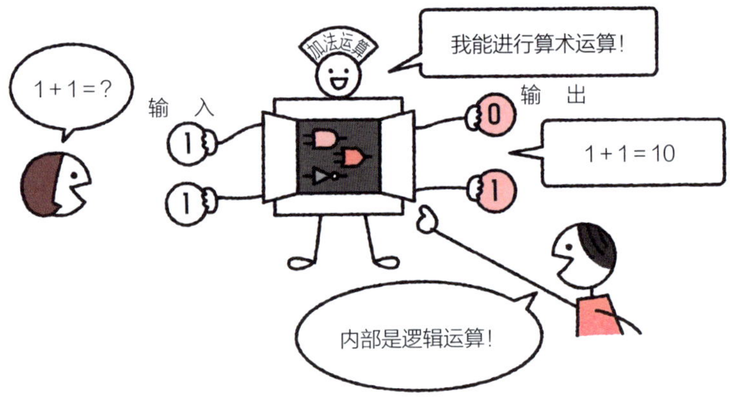

算术运算

在之前的内容中，我们讨论了逻辑运算电路，如逻辑与（AND）和逻辑或（OR）。接下来，我们以加法电路为例，介绍算术运算的基本实现方式。算术运算是数字电路中的常见操作，如将两个 1 位二进制数 A 和 B 相加，即计算 $A+B$。由于 A 和 B 的取值只能是 0 或 1，因此 $A+B$ 的算术运算共有 4 种组合。

注意，二进制 1+1 的结果是 10（一零）。如果输入和输出的关系满足以下真值表，则可以实现加法运算 $A+B$。

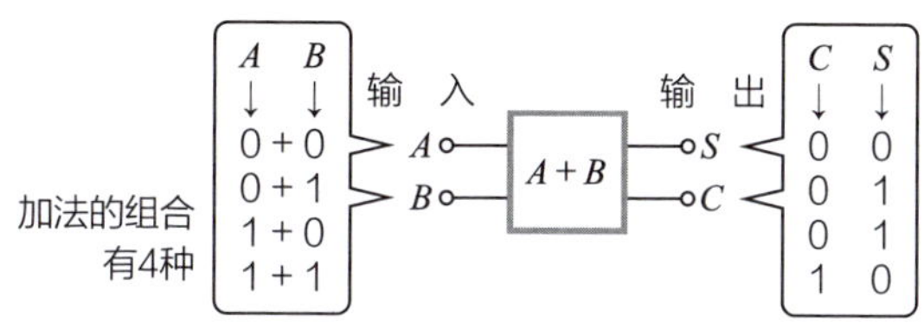

▲ 二进制算术运算 $A+B$

▲ 加法运算的真值表（半加器、HA）

这个真值表可以通过以下两个电路实现。

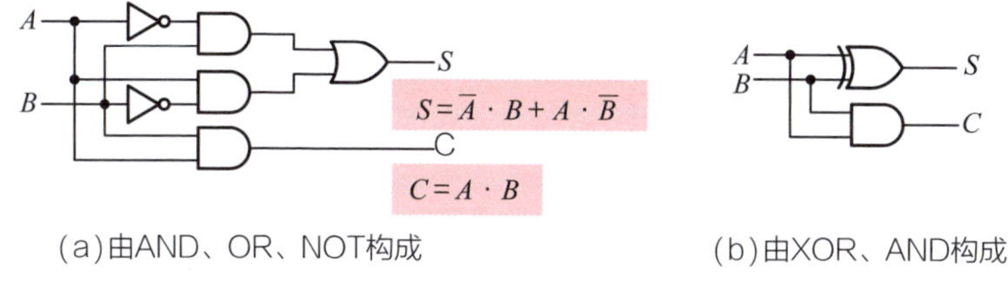

(a)由AND、OR、NOT构成　　(b)由XOR、AND构成

▲ 加法电路（半加器）

上述通过逻辑运算构成的加法电路，其输入与输出的关系完全符合算术加法。这种用逻辑运算实现算术运算的方法，在二进制加法电路中非常常见。例如，使用简单的逻辑与、或、异或运算可以设计基本的加法电路。

半加器和全加器

那么，将 3 个加法电路连接在一起，是否可以进行 3 位数的加法运算呢？答案是否定的。这种加法电路在输入为 1+1 时，输出为 10（即进位 $C=1$，和 $S=0$）。这意味着，进位信号被输出到进位端 C，并传递到更高位。而更高位的加法电路必须接收并处理这个进位信号，才能继续正确地进行计算。因此，必须为接收来自低位的进位信号提供一个输入端。

可是，刚才提到的加法电路并没有这样的输入端。它只能够处理 1 位加法，并不能处理多位加法中的进位问题，所以只能称为**半加器**。能够处理进位、实现多位加法的电路，才被称为**全加器**。

- 半加器（HA：half adder）：1 位加法电路。
- 全加器（FA：full adder）：多位加法电路。

我们来看看全加器的真值表和符号。其中，C_i 是接收来自低位的进位信号的输入端子，C_o 是输出进位信号的输出端子。

▼ 全加器的真值表

A	B	C_i	C_o	S
0	0	0	0	0
0	0	1	0	1
0	1	0	0	1
0	1	1	1	0
1	0	0	0	1
1	0	1	1	0
1	1	0	1	0
1	1	1	1	1

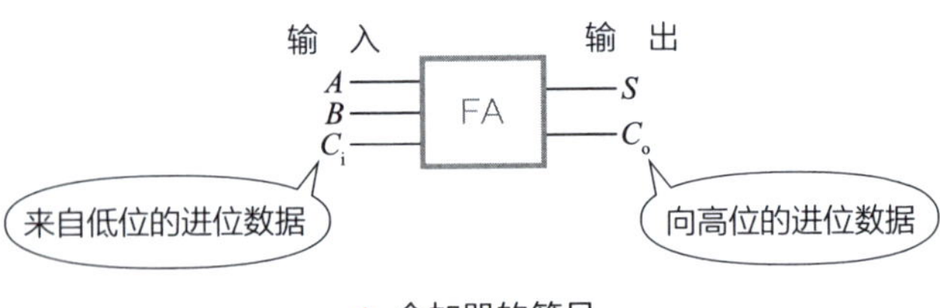

▲ 全加器的符号

全加器的内部同样由逻辑运算组合构成，输入和输出的关系符合算术运算的加法。实际上，全加器也可以用两个半加器来构成。

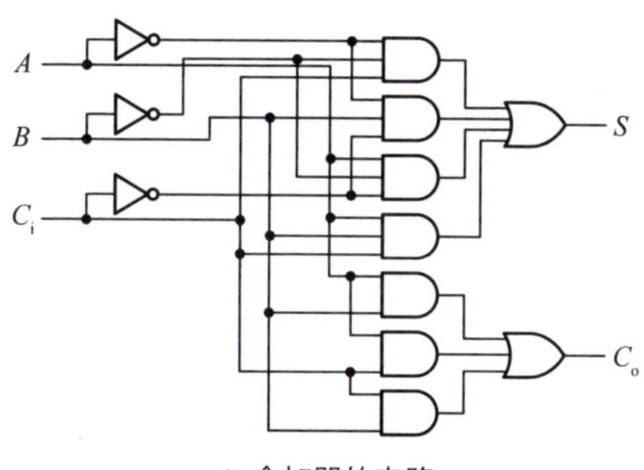

▲ 全加器的电路

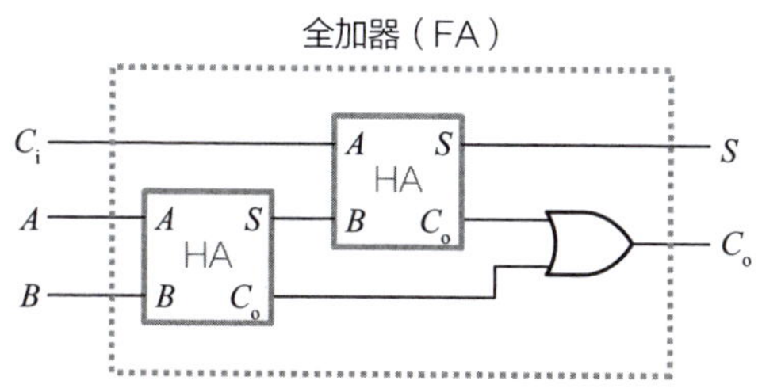

▲ 使用半加器构成全加器

将多个全加器连接起来，就可以执行多位算术加法。

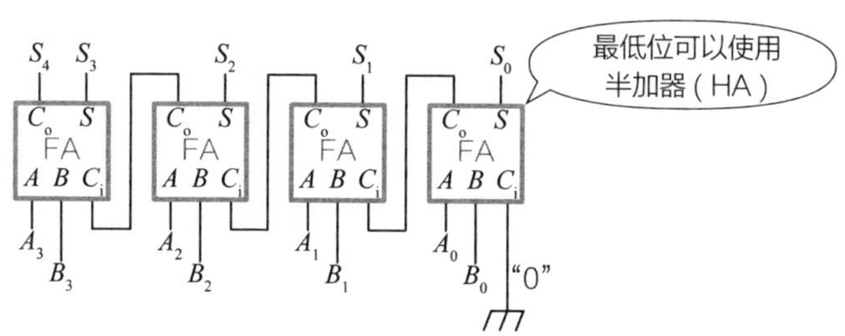

▲ 4 位算术加法电路

第54讲 数据存储电路：触发器与移位寄存器

数据存储 ///　☑触发器　☑D 触发器　☑同步　☑时序图

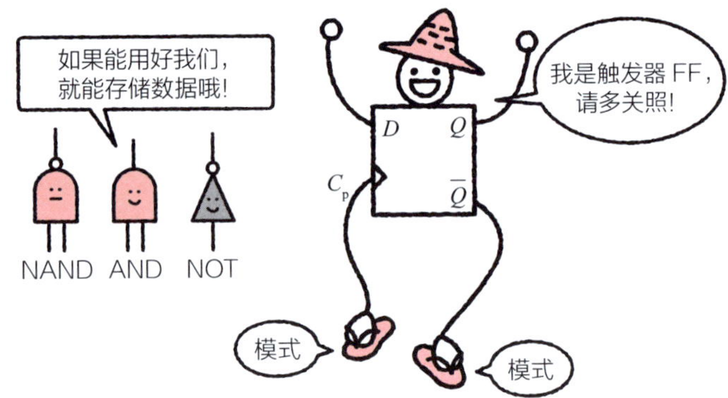

触发器

此前介绍的逻辑电路，输出会随着输入变化，但这类电路无法存储输入数据。如果需要存储数据，就必须使用一种特定类型的电路——触发器（flip-flop，FF）。

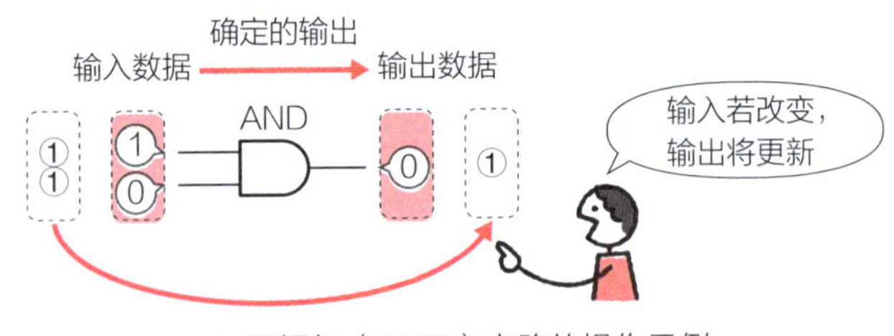

▲ 逻辑与（AND）电路的操作示例

D 触发器（D-FF）

D 触发器由基本逻辑电路组成，通过交叉反馈形成双稳态结构。这种设计使得电路具有两个稳定状态，分别对应二进制 0 和 1 的存储。

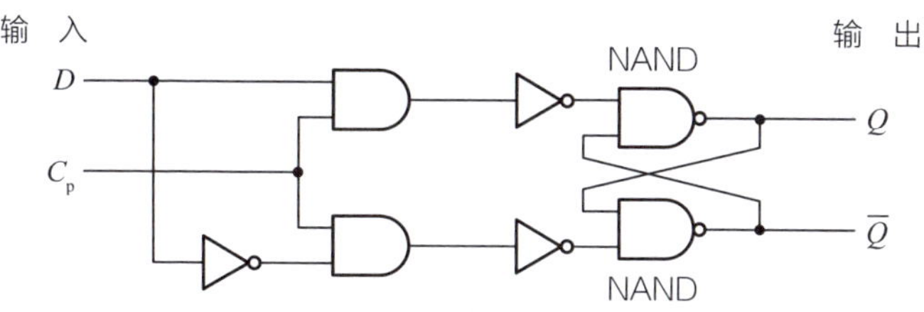

▲ D 触发器的电路示例

在输入侧，D 端子输入要存储的数据，C_p 端子输入**时钟**信号。时钟信号为 1 时，D 触发器从 D 端子获取数据并存储。换句话说，C_p 端子的时钟信号为 0 时，无论 D 端子的输入为何，触发器输出保持不变。存储数据通过 Q 端子输出，同时 $\overline{Q}$ 端子输出存储数据的逻辑非值。

实际上，触发器依赖时钟信号的边沿工作，有上升沿（从 0 变为 1 的瞬间）触发和下降沿（从 1 变为 0 的瞬间）触发两种形式。

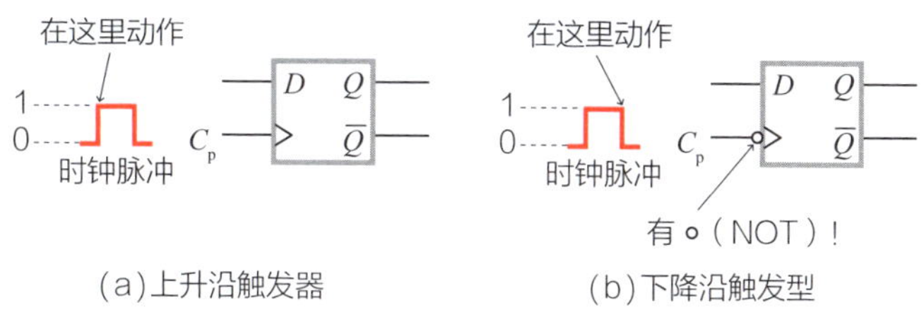

▲ D 触发器的符号及时钟信号

D 触发器的操作示例

以下是一个上升沿触发 D 触发器的动作时序图，横轴表示时间，纵轴表示某一时刻输入或输出状态。由 C_p 端子输入的时钟信号从 0 变为 1 的瞬间，D 触发器获取并存储 D 端子的输入，从 Q 端子输出，$\overline{Q}$ 端子输出对应的逻辑非值。一个 D 触发器可以存储 1 位数（0 或 1），使用多个 D 触发器可以存储多位数。

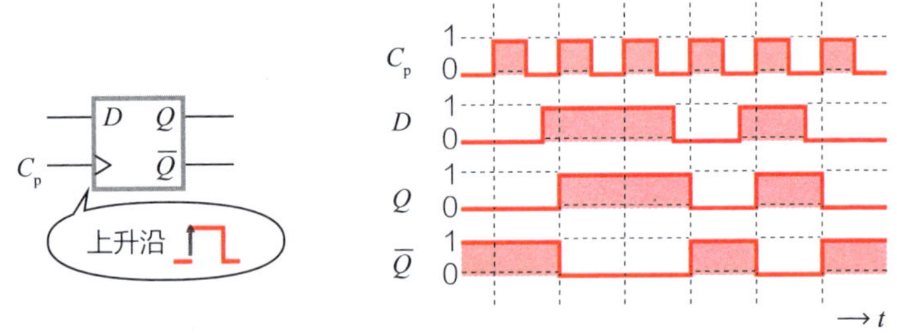

▲ D 触发器的动作时序图示例

移位寄存器

作为触发器应用示例，下图展示了一个由 4 个 D 触发器组成的移位寄存器。由于 $\overline{Q}$ 端子未使用，所以省略了相关描述。

由 C_p 端子输入的时钟上升沿到来时，每个 D 触发器分别获取 D_0 ~ D_3 端子的输入，并从 Q_0 ~ Q_3 端子输出。观察时序图可以发现，D 端子的输入会随着每次时钟上升沿的到来而移动到右侧的触发器。这个移位寄存器具有以下功能。

- 数据存储（4 位）。
- 数据移位。

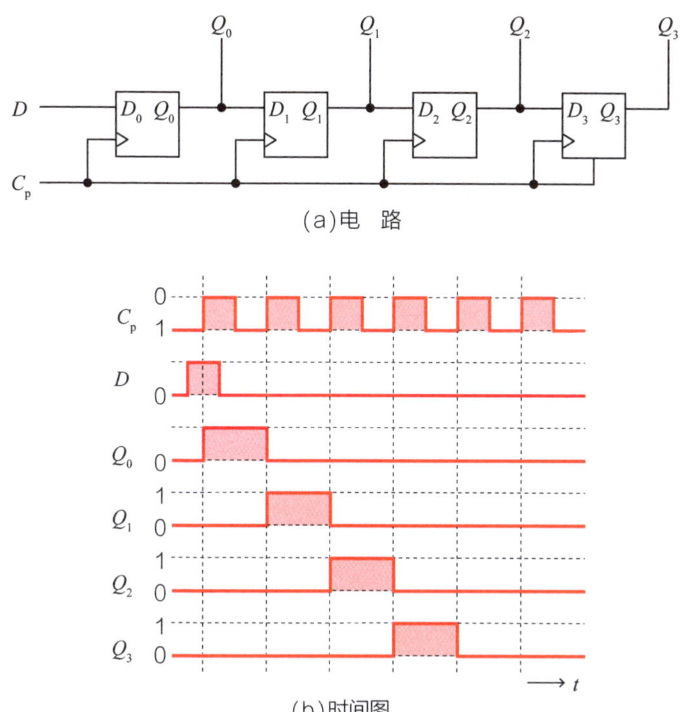

(a)电　路

(b)时间图

▲ 4 位移位寄存器

- 串 / 并转换：从 1 位的 D 端子串行输入的数据，能从 4 位的 Q_0 ~ Q_3 端子并行取出。

通过在垂直和水平方向排列移位寄存器并连接 LED，可以制作具备滚动显示效果的电子公告板。

第55讲 存储数据的各种触发器

数据存储 /// ☑ RS 触发器 ☑ JK 触发器 ☑ T 触发器

下降沿触发器示例

除了**D 触发器（D-FF）**，还有其他类型的**触发器（FF）**。下面介绍在时钟信号从 1 变为 0 时动作的下降沿触发器。

- **RS 触发器**（RS-FF，也作 SR-FF）：当 $S=1$ 时，存储 1（置位）；当 $R=1$ 时，存储 0（复位）。

注意，RS 触发器在输入设为 $S=1$、$R=1$ 时动作不稳定。因此，要尽量避免使用这种输入模式。

- **JK 触发器**（JK-FF）：改进了 RS 触发器在输入 $S=1$、$R=1$ 时不稳定的缺点，当 $J=1$ 且 $K=1$ 时执行翻转存储内容（输出）的动作。

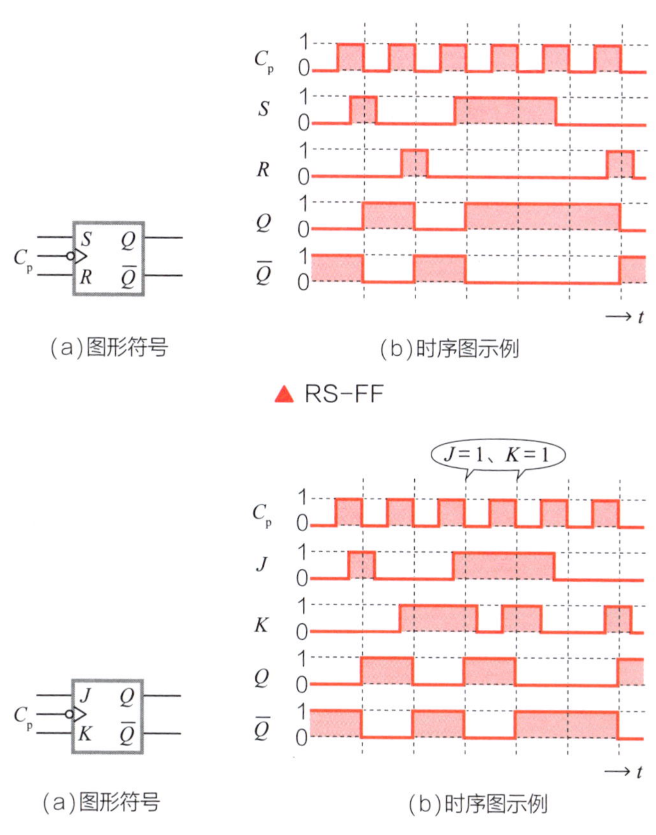

(a)图形符号　　(b)时序图示例

▲ RS-FF

(a)图形符号　　(b)时序图示例

▲ JK-FF

• **T 触发器**（T-FF）：每次触发时存储内容（输出）都会翻转。将 JK 触发器的 J、K 输入端子都设为 1 也能实现同样功能。

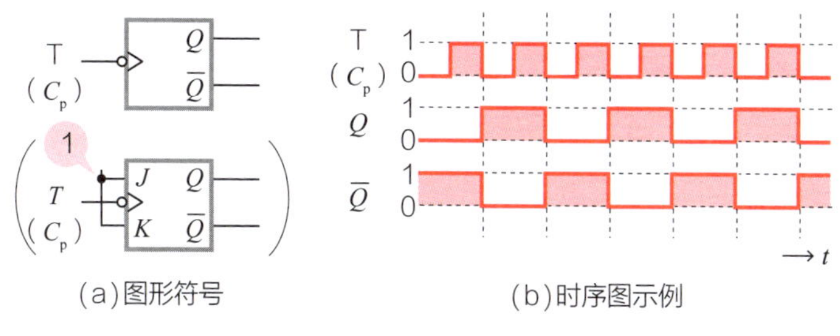

(a)图形符号　　(b)时序图示例

▲ T-FF

第56讲 A/D 转换器

模拟与数字的转换 ///　☑采样　☑采样定理　☑并行比较

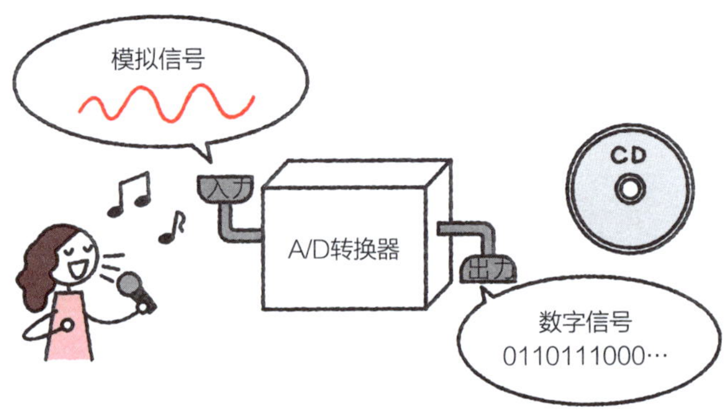

采样：获取模拟信号的值

实现模拟信号与数字信号相互转换的电路有以下两种类型。

- **A/D 转换器**：将模拟信号转换为数字信号。
- **D/A 转换器**：将数字信号转换为模拟信号。

这里将重点介绍 A/D 转换器。将模拟信号转换为数字信号的第一步是获取模拟信号的值，这个过程被称为**采样**。采样的时间间隔被称为**采样时间**。采样时间 Δt 越短，越能精确地捕捉原始模拟信号的信息，但信息量也越大，处理越复杂。

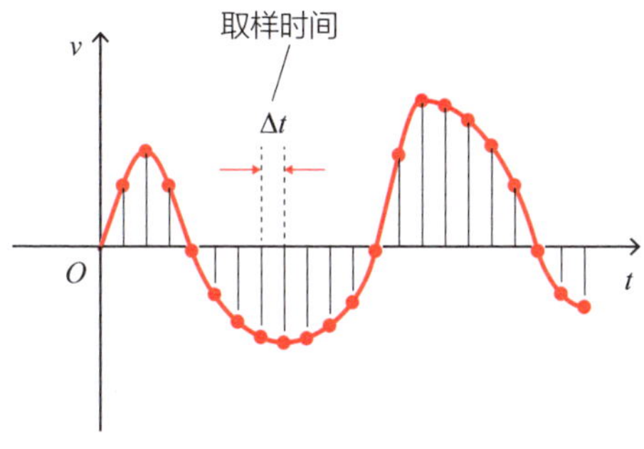

▲ 模拟信号的采样

采样定理

这里，采样定理（抽样定理）起了很重要的作用。如果把 Δt 看作周期 T 的倒数，就能得到采样频率 f_s（第 21 页）。满足下图所示关系时，就可以用采样信号完整不失真地还原出原始模拟信号。

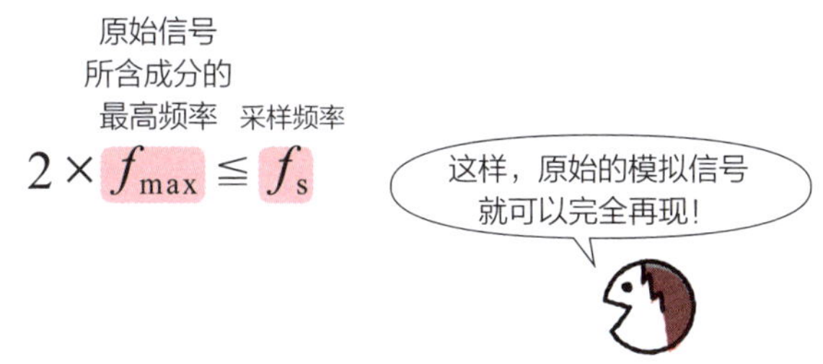

▲ 采样定理

也就是说，通过这个关系我们可以确定获取所有信息所需的 Δt。f_{max} 表示原始模拟信号中所含成分的最高频率。采样定理是 1949 年由美国的克劳德 · 香农提出的。当然，如果对精度要求不高，也并非一定要满足采样定理。

并行比较型

A/D 转换器有多种实现方式，在此介绍**并行比较型**。

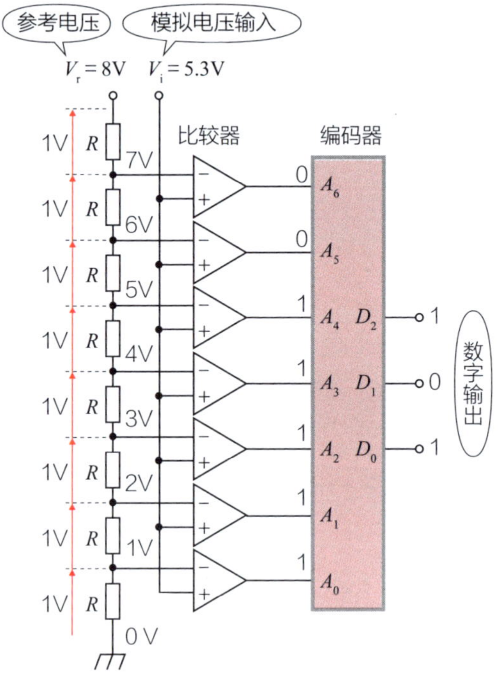

▲ 并行比较型 A/D 转换器电路示例

这个电路中使用了很多**比较器**。比较器会比较两个输入电压，当反相输入（－）小于或等于同相输入（＋）时，输出数字信号 1，否则输出 0。比较器可以用不带负反馈的运算放大器（参照第 31 讲）实现。

▲ 比较器的工作原理

例如，参考电压 $V_r = 8V$，通过 8 个等值电阻 R 分压，每个电阻两端的电压为 1V。在这种状态下，若输入待转换的模拟电压 V_i（此例为 5.3V），V_i 会在每个比较器中与分压后的 1 ~ 7V 进行比较，最终形成 7（比较器数量）位输出数据。此时，可以认为模拟信号已转换为数字信号。不过，如果使用编码器（参照第 52 讲）将其转换为 3 位二进制数 101，得到的数字信号会更易于处理。二进制数 101 对应的十进制数为 5，而 $V_i = 5.3V$，由此可计算转换误差 5.3−5.0 = 0.3（V）。

▼ 编码器真值表

输入							输出		
A_6	A_5	A_4	A_3	A_2	A_1	A_0	D_2	D_1	D_0
0	0	0	0	0	0	0	0	0	0
0	0	0	0	0	0	1	0	0	1
0	0	0	0	0	1	1	0	1	0
0	0	0	0	1	1	1	0	1	1
0	0	0	1	1	1	1	1	0	0
0	0	1	1	1	1	1	1	0	1
0	1	1	1	1	1	1	1	1	0
1	1	1	1	1	1	1	1	1	1

并行比较型 A/D 转换器的缺点是需要大量的比较器，其优点是可高速转换，因此得名“闪存转换器”。

其他类型的 A/D 转换器

除了并行比较型，常见的 A/D 转换器还有双积分型、逐次逼近型等。在实际应用中，通常使用集成化的 A/D 转换器或 D/A 转换器产品。

第57讲 D/A 转换器

模拟与数字的转换 ///　☑电阻分压　☑解码器

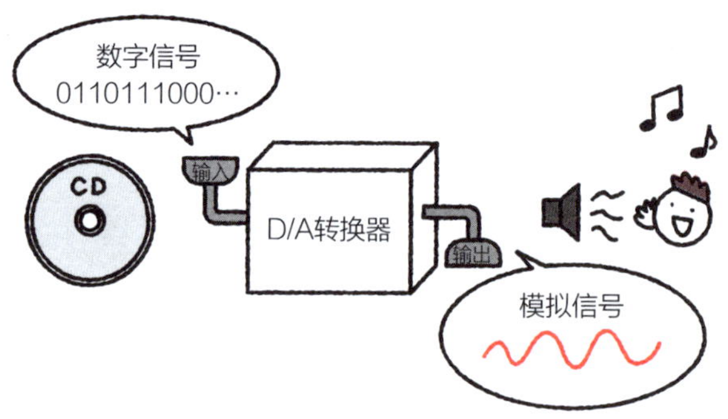

电阻分压型

D/A 转换器（数 / 模转换器）用于将数字信号转换为模拟信号。在此介绍一种常见的类型——电阻分压型（也叫电阻串型）D/A 转换器，通过电阻分压网络对参考电压 V_r 进行分压，生成与数字信号对应的模拟信号。

例如，参考电压 V_r 通过 4 个电阻分压，每个电阻的端电压为 1V。输入的 2 位数字信号通过解码器转换为 4 位控制信号，用于控制 SW_0 ~ SW_3 开关。根据开关的状态，输出端子 V_o 输出对应的模拟电压。

当输入的 2 位数字信号为 01 时，解码器输出控制信号 0010，开关 SW_1 闭合，可从输出端子得到模拟信号 $V_o = 1V$。

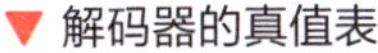

▼ 解码器的真值表

输入		输出			
D_1	D_0	SW_3	SW_2	SW_1	SW_0
0	0	0	0	0	1
0	1	0	0	1	0
1	0	0	1	0	0
1	1	1	0	0	0

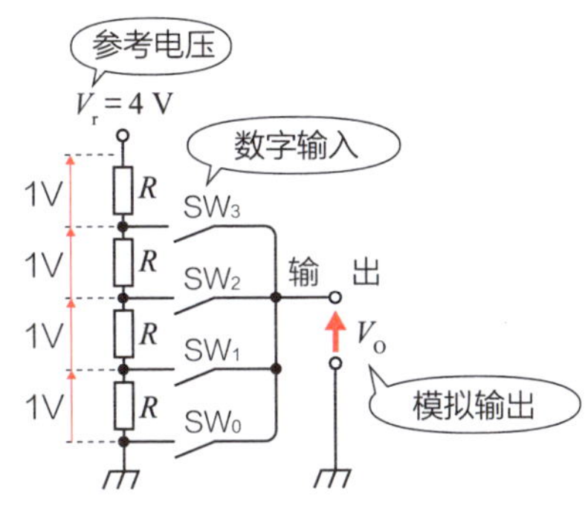

▲ 电阻分压型 D/A 转换器电路示例

▼ 输入与输出的关系

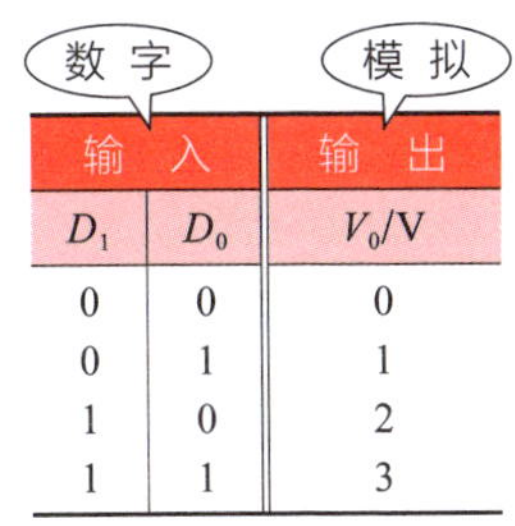

输入		输出
D_1	D_0	V_0/V
0	0	0
0	1	1
1	0	2
1	1	3

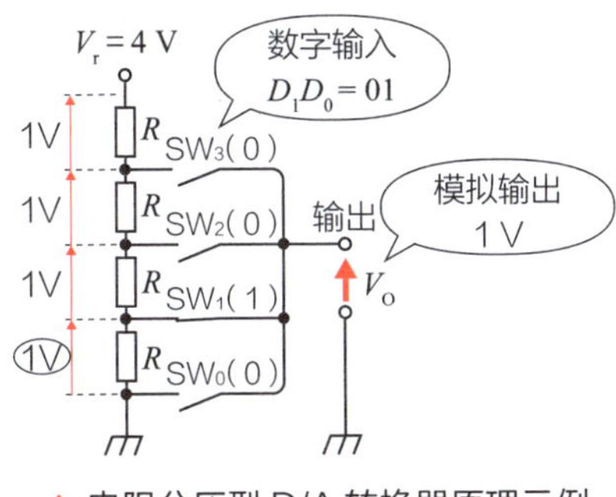

▲ 电阻分压型 D/A 转换器原理示例

电阻分压型 D/A 转换器的缺点是需要解码器和多个开关，电路复杂。其优点是转换精度高，故常见于 D/A 转换器集成电路中。

其他 D/A 转换器

除了电阻分压型，D/A 转换器还有电流求和型、梯形网络型等。它们的电路实现结构相对简单，但电流求和型需要多种高精度电阻，梯形网络型需要大量使用两种类型的精密电阻。而且，这两种类型的 D/A 转换器常常要与运算放大器（参照第 31 讲）配合使用。

专栏 5 低功耗运行的 CMOS

NOT（逻辑非）电路可以利用三极管的开关特性（详见第 26 讲）来实现。

当基极输入信号 $A=0$（低电平）时，三极管截止，集电极 F 输出信号 1（高电平）。

当基极输入 $A=1$（高电平）时，三极管导通，集电极 F 接地（GND），输出信号 0（低电平）。

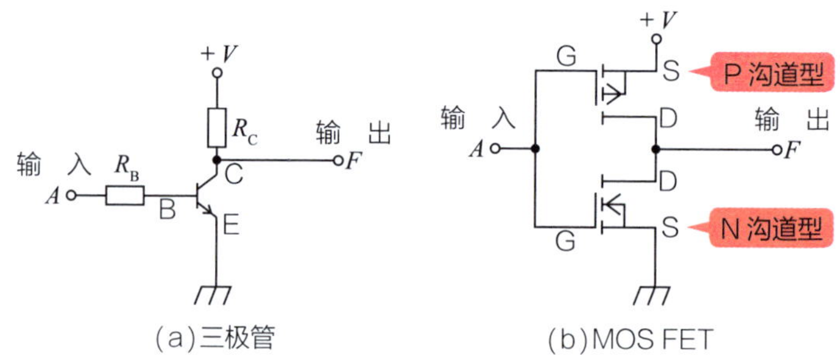

▲ NOT（非）电路示例

此外，NOT 电路还可以通过组合 P 沟道型和 N 沟道型 MOSFET 来实现。这种电路被称为 CMOS（互补金属氧化物半导体）电路，其工作原理如下。

当输入 $A=0$ 时，P 沟道 MOSFET 导通，N 沟道 MOSFET 截止，输出信号 1（高电平）。

当输入 $A=1$ 时，N 沟道 MOSFET 导通，P 沟道 MOSFET 截止，输出信号 0（低电平）。

第6章 电子电路在生活中的应用

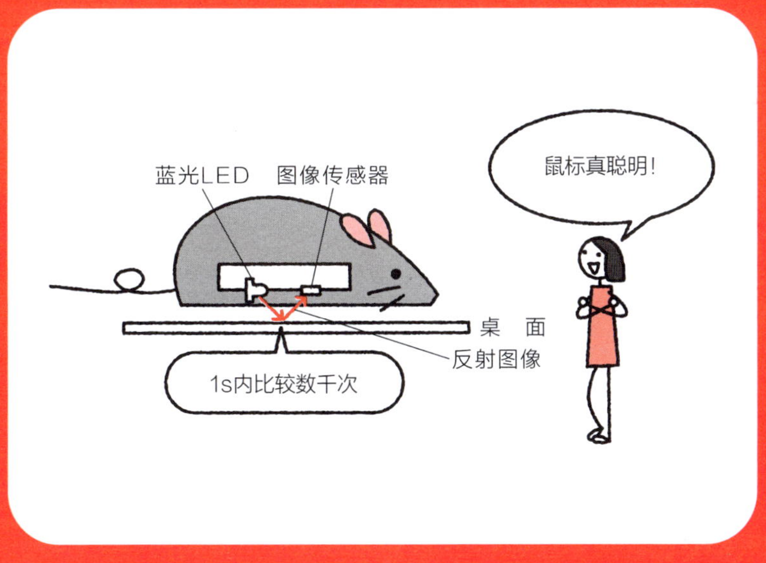

第58讲 CD：凹凸记录术

光与数据 ///　☑凹坑　☑平面　☑EF 调制

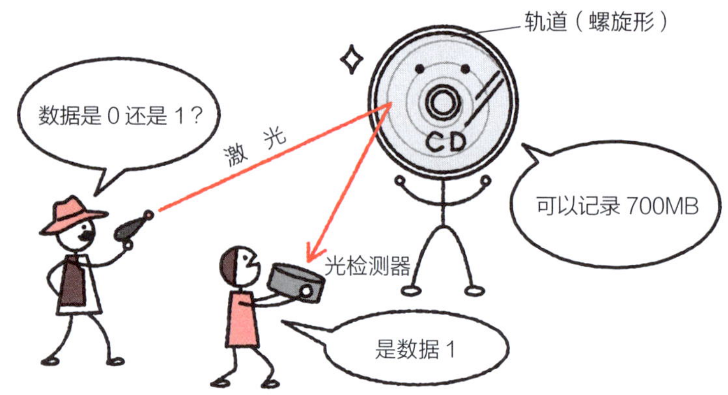

比毛发更精细的结构

CD 是一种用于存储音乐和计算机数据等信息的媒介，由于它依靠激光读取和刻录，所以也被称为**光盘**。除了 CD，光盘家族还有 DVD 和 BD（蓝光光盘），这些我们会在下一节详细介绍。

普通的 CD 由直径 12cm 的聚碳酸酯塑料板制成，其标准存储容量约为 700MB，足以存储约 70min 时长的高质量音乐数据，如贝多芬《第九交响曲》。CD 表面从内向外分布着螺旋状**轨道**，轨道包含交替分布的**凹坑**（凹陷区域）和**平面**（平坦区域）。轨道间距通常约为 1.6μm，而凹坑的最小长度为 0.87μm。这些微小的结构比人类头发丝的直径（约 40 ~ 100μm）还要精细。

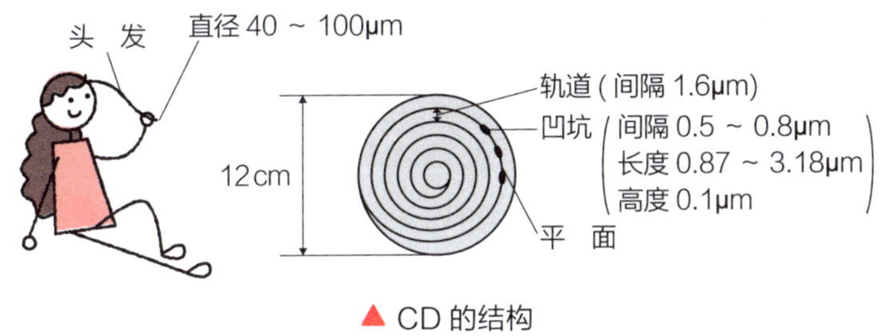

▲ CD 的结构

反射光量的差异

利用激光照射光盘表面的轨道，并通过光检测器监测反射光的变化，即可读取数据。在激光照射下，凹坑的反射光减少，而平面的反射光较多。基于这种反射光量的差异，可以区分凹坑与平面。实际上，由于激光入射角的原因，凹坑看起来更像从底部凸起的结构。

- **凹坑**：反射光较少。
- **平面**：反射光较多。

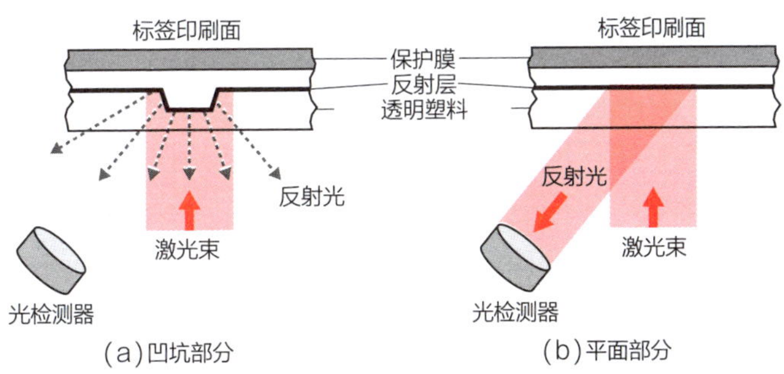

▲ 反射光量

在 CD 中，凹坑开始和结束的位置被用来表示数字信号“1”，而其他区域则表示“0”。通过这种方法，CD 能记录音乐或计算机数据的二进制信息。激光由发光元件（激光二极管）发射，反射光则由光接收元件（光电二极管）进行检测。

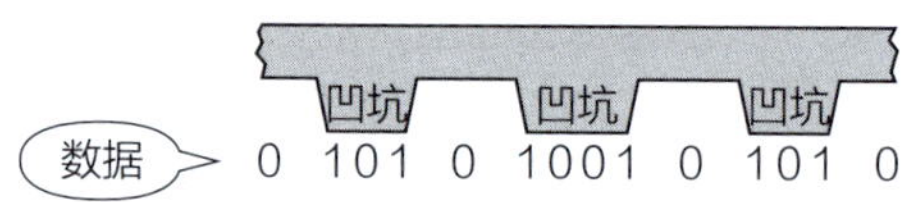

▲ 数字数据对应示例

人耳能听到的声音频率范围上限约为 20kHz（详见第 146 页）。为了能够可靠地记录音频，CD 的采样频率被设定为 44.1kHz，这是人耳可感知频率的两倍多。根据采样定理，这样的采样率几乎能完美还原模拟声源，从而保证声音的高保真。

CD 的问题与解决方案

数据存储偶尔会遇到连续重复的“1”信号，导致光检测器难以区分连续的凹坑，从而增加读取的错误率。

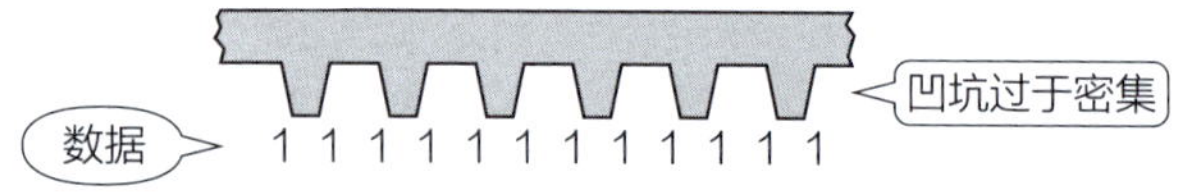

▲ 数据“1”连续出现的示例

为了规避这一问题，CD 采用了一种被称为 **EF 调制**（eight-to-fourteen modulation，8 位转 14 位调制）的技术，将每 8 位二进制数据转换为 14 位编码，以确保不存在连续“1”的情况。这种调制方式不仅降低了出错的可能性，还优化了数据记录的物理间隔。

▼ EF 调制的转换示例

8 位数据	14 位数据
0110 1010	1001 0001 0000 10
0110 1011	1000 1001 0000 10
0110 1100	0100 0001 0000 10

8 位数据　　EF 调制　　14 位数据

0110 1010 ⟶ 1001 0001 0000 10

连续 1　　无连续 1

▲ 转换时避免数据 1 连续

CD-ROM 和 CD-R 的区别

CD 可分为只能读取预先记录数据的 CD-ROM，以及用户可以写入数据的 CD-R 等。读取 CD-ROM 时，使用功率约为 0.2mW 的弱激光来检测反射光。而向 CD-R 写入数据时，会照射功率为 5 ~ 8mW 的强激光，利用激光的热量熔化光盘上的有机色素层，在相邻的聚碳酸酯基板上形成凹坑。

第59讲 CD、DVD、BD有什么区别？

光与数据 ///　☑存储结构　☑光斑直径　☑存储容量

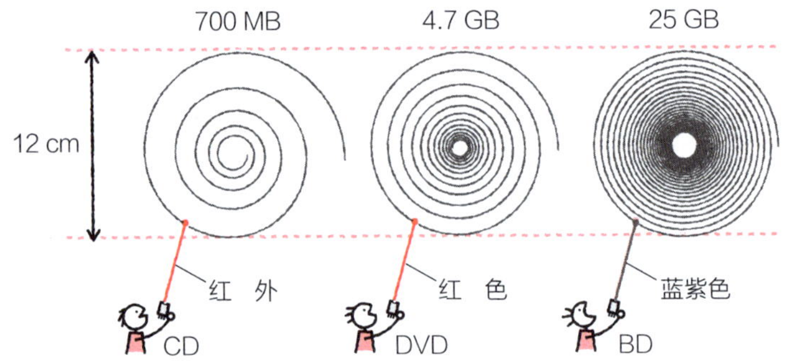

存储容量的差异

常见的光盘包括CD（光盘）、DVD（数字多功能光盘）和BD（蓝光光盘），它们均通过激光沿着光盘上的轨道照射，并通过检测反射光来读取数据“0”或“1”。尽管工作原理相似，这三类光盘在存储容量和用途上却存在显著差异。

- CD：容量约为700MB，主要用于存储音频数据。
- DVD：标准容量为4.7GB，适合存储视频数据。
- BD：容量通常为25GB（单层），适合存储高清视频数据。

举例来说，存储高清视频时，单层的 4.7GB DVD 只能容纳约 25min 的内容，而单层 25GB 的 BD 却能存储约 130min 的内容。此外，上述三种光盘均可用于计算机数据存储，但用途各有侧重。

存储容量差异的原因

尽管 CD、DVD 和 BD 的直径都是 12cm，但它们的存储容量却明显不同，这主要是因为轨道间距和凹坑大小的不同。轨道越密集、凹坑越小，存储结构也就越紧密，可存储的数据容量就越大。然而，结构越紧密，就要求激光束照射越精准。

激光照射区域的直径被称为**光斑直径**。光斑越小，可以读取的信息就越精细，而光斑直径由激光的波长决定：CD 使用波长为 780nm 的红外激光，DVD 使用波长为 650nm 的红色激光，BD 则使用波长为 405nm 的蓝紫色激光。蓝光光盘（BD）中的“蓝”指的正是蓝紫色激光。而蓝紫色激光的实现依托于 1993 年发明的蓝光 LED 技术（参见第 24 讲）。

为了进一步提升存储容量，部分 DVD 和 BD 采用多层存储技术，即在光盘上叠加多个记录层。同时，这三种光盘还有可重写的版本：CD-RW、DVD-RW、BD-RE。

▼ 光盘规格示例

项　目	CD	DVD	BD
激光波长	780nm（红外）	650nm（红色）	405nm（蓝紫色）
光斑直径	1.5μm	0.86μm	0.38μm
轨道间距	1.6μm	0.74μm	0.32μm
最小凹坑长度	0.87μm	0.4μm	0.138μm
存储容量	约 700MB	4.7GB 以上	25GB 以上

声音和图像数据的压缩

声音与图像 ///　　☑无损压缩　☑有损压缩

减小数据量

声音和图像的数据量通常非常庞大，在存储或传输时会占用大量空间和带宽。为了提高效率，我们通常需要在尽量保持质量的基础上减小数据量，这个过程被称为**压缩**。压缩技术广泛应用于音频、图像和视频等领域。

音频和图像数据的压缩原理

人耳对不同频率的声音敏感度不同。例如，即使某些声波存在，但频率过高或过低，人耳也无法察觉到；在同时出现的大声音和小声音中，大声音可能会掩盖小声音，使其变得不可听。利用这些特性，可以将音频数据分解为多个频率成分，去掉人耳听不到的部分数据，从而达到数据压缩的目的。例如，**MP3（MPEG-1 音频第 3 层）**是一种常见的音频压缩标准，能够将数据量压缩到原有的约 1/10。不过，需要注意的是，压缩率越高，音质损失越明显。

对于图像数据，利用人眼对亮度变化的敏感度高于对颜色变化的敏感度这一特性，可以对图像中的颜色信息进行适当简化，从而实现压缩。对于照片等静态图像，常用的压缩标准是 **JPEG**；对于视频等动态图像，常用的压缩标准是 **MPEG-2** 和 **MPEG-4**。这些压缩标准广泛采用离散余弦变换（DCT）技术，将图像或音频信号分解为频率分量，以便去除冗余信息，进行压缩。无论采用哪种压缩方法，随着压缩率的提高，图像质量都会逐渐下降。数据压缩分为**可逆（无损）压缩**和**不可逆（有损）压缩**两种。

- 可逆压缩：压缩后的数据可以完全恢复为原始数据，无信息丢失。

- 不可逆压缩：压缩后的数据无法完全恢复为原始数据，会丢失一些被认为“多余”的信息。

MP3、JPEG、MPEG-2、MPEG-4 等均属于不可逆压缩。在计算机等设备上处理这些压缩数据时，可以通过数据文件的扩展名来识别其所使用的压缩标准。

▼ 标准与扩展名的对应

规　格	用　途	扩展名
MP3	音　频	.mp3
JPEG	静止图像	.jpg　.jpeg
MPEG-2	视　频	.m2p
MPEG-4	视频（也适用于低画质）	.mp4

第61讲 D类放大器

声音与图像 /// ☑比较器 ☑脉宽调制 ☑积分电路

D类放大器的基本构成

D 类放大器是一种对音频等电信号进行数字化处理并放大的电路，也被称为**数字功放**。与传统放大电路按工作点分类不同，D 类放大器以脉冲宽度调制（PWM）为核心技术，实现高效放大。以下是 D 类放大器的基本组成部分及其功能。

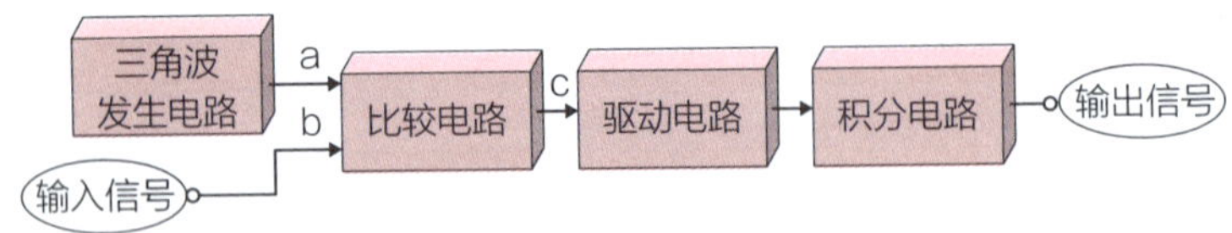

▲ D 类放大器的基本组成部分

- 三角波发生电路：生成高频三角波信号，作为脉冲宽度调制（PWM）的参考信号。

- 比较电路：将输入的模拟信号（如正弦波）与三角波信号进行比较，输出脉冲宽度调制波。可以用无反馈运算放大器实现。

- 驱动电路：通过 MOSFET 或类似器件的开关作用，将 PWM 信号的幅度进一步放大，为后续信号处理提供驱动能力。

- 积分电路：滤除调制带来的高频噪声，并将数字信号还原为模拟信号，恢复其原始波形。

脉冲宽度调制（PWM）的原理

假设要放大的信号是正弦波 v_i，将其和三角波信号 v_t 同时输入到比较电路（比较器）中，比较两种输入信号并输出比较结果。例如，当 $v_i > v_t$ 时，输出电压 $v_d = 3V$（高电平），否则输出 0V。

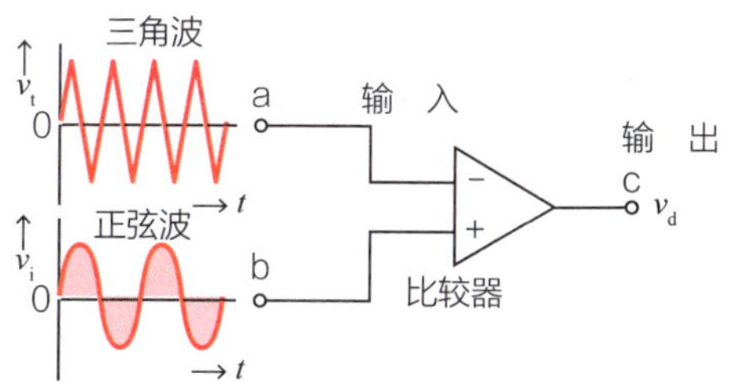

▲ 比较电路（比较器）

这种比较电路输出的数字信号 v_d 的高电平持续时间（脉冲宽度），与输入正弦波 v_i 的幅度成正比。通过比较输入正弦波 v_i 和输出数字信号 v_d 的波形，可以观察到 v_d 的脉冲宽度随 v_i 的幅度变化。

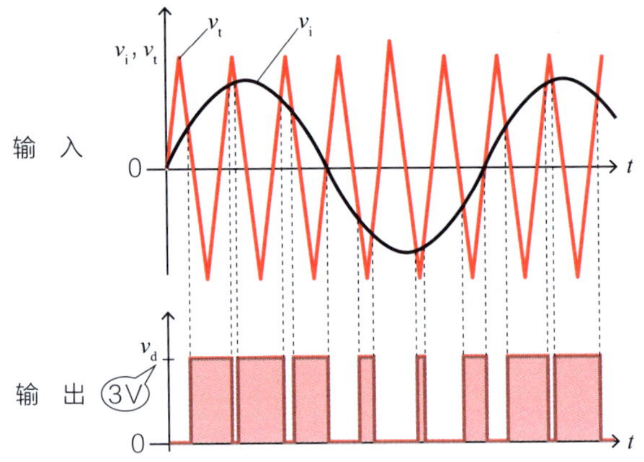

▲ 比较电路输入 / 输出波形的对应示例

这种输入信号幅度对应输出方波脉冲宽度的转换被称为脉冲宽度调制（PWM）。像这样得到的 PWM 信号的幅度，在本例中为 $v_d = 3V$。

PWM 信号通过驱动电路中的 MOSFET 进一步放大（参考第 27 讲），如从 3V 放大到 15V。这里利用 MOSFET 在饱和区的开关特性，实现高效的 D 类放大。

输入到积分电路

放大后的 PWM 信号 v_d' 输入到**积分电路**，转换为模拟信号 v_o。积分电路能够将方波信号输入转换为平滑的模拟信号输出，通常由运算放大器等元件构成。

这样一来，输入的正弦波 v_i 经过脉冲宽度调制，在 MOSFET 驱动电路中放大幅度，再经积分电路处理，恢复为模拟正弦波输出。

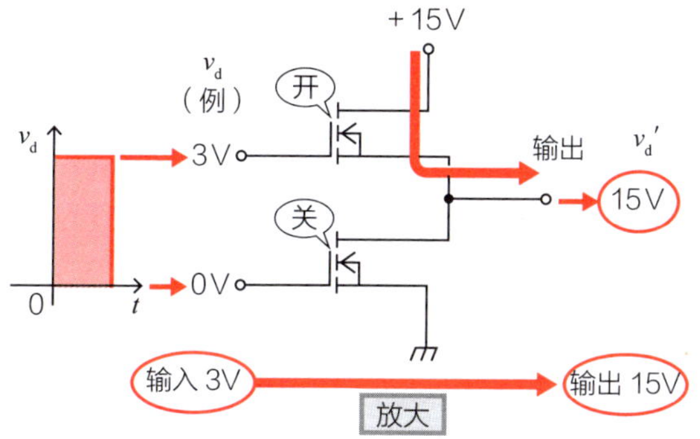

▲ MOSFET 驱动电路示例

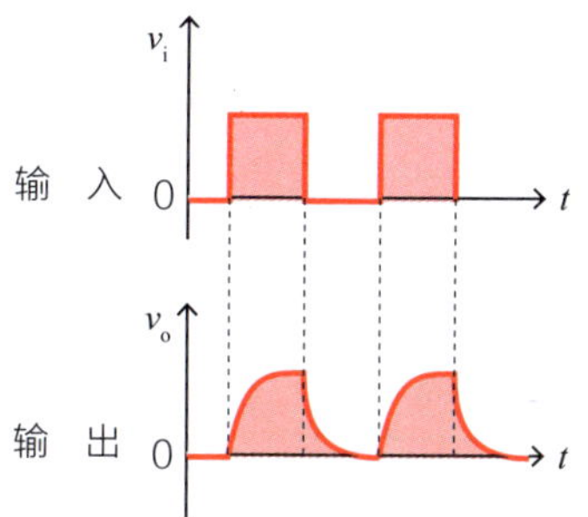

▲ 积分电路的输入 / 输出波形示例

D 类放大电路以其低功耗和高效率著称，尽管早期存在三角波线性度和噪声问题，但随着集成电路技术的发展，这些问题已得到有效解决。如今，D 类放大电路广泛应用于音频设备，并常以集成电路形式出现。

第62讲 不断进化的鼠标

输入与输出 /// ☑光学式 ☑LED ☑触控板

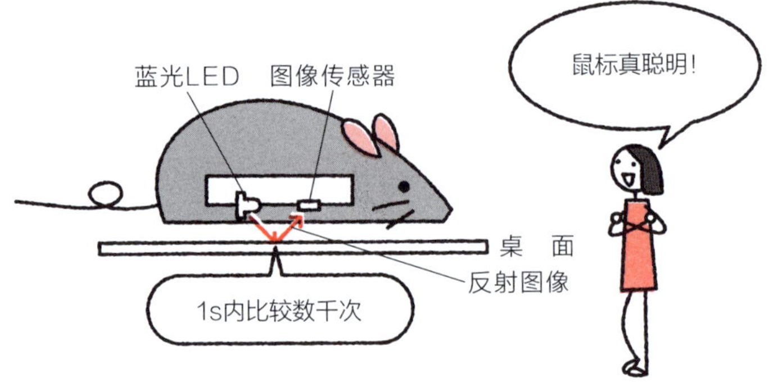

从机械式到光学式的演变

鼠标是一种用于操作个人计算机的常见输入设备，它因外形类似老鼠（mouse）而得名。移动鼠标可以使显示器上的**光标**（鼠标指针）同步运动，按下鼠标按键（点击）可以选择或输入数据。

鼠标的发展经历了从机械式到光学式的演变。早期的机械鼠标内部采用滚珠设计，通过滚珠与桌面的接触和滚动来检测鼠标的移动方向及距离。但这种鼠标容易积灰，导致误差增大。

随着技术的发展，光学鼠标取代了机械鼠标，成为当前的主流选择。光学鼠标使用 LED 光源（通常为红光或蓝光）或激光，通过图像传感器记录表面信息。光学鼠标无需滚珠，更加灵敏、耐用，且几乎不需要维护。

光学鼠标的工作原理

现代光学鼠标通过底部的光源照射桌面，并利用图像传感器捕捉反射图像。这一过程以大约 2000DPI（每英寸 2000 像素）的分辨率，每秒执行几千次。通过分析连续图像间的差异，鼠标能够准确计算出移动的方向和距离。

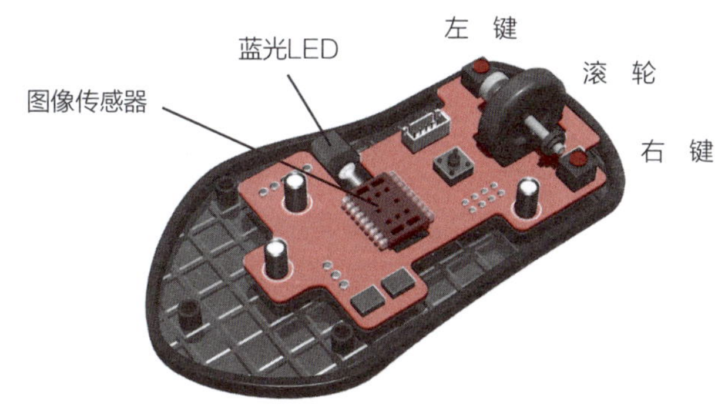

▲ 光学鼠标的内部结构

一些高级光学鼠标甚至能在光滑或透明玻璃表面上正常工作，通过识别表面的微小划痕或尘埃来追踪移动。此外，采用蓝牙技术的无线鼠标也越来越受欢迎，它们提供了更大的移动自由度。

顺便一提，笔记本电脑配备了被称为**触控板**（trackpad）的输入装置来替代鼠标，它通过检测手指移动时产生的静电变化来工作。

▲ 触控板

第63讲 控制光的显示器

输入与输出 ///　☑液晶显示器　☑有机 EL 显示器　☑激发

常见的图像显示设备

在个人计算机和智能手机中，**液晶显示器（LCD）**和**有机 EL（OLED）显示器**是两种常见的图像显示设备，它们以轻薄、节能的特点受到广泛欢迎。

液晶显示器（LCD）

液晶分子具有细长的棒状结构，能够沿着**配向膜**上的凹槽排列。当液晶被夹在两片凹槽方向相差 90° 的配向膜之间时，液晶分子会呈现 90° 的扭转排列。在这种状态下，垂直偏振光通过偏光板 A 进入液晶层，发生 90° 的偏振旋转，变成水平偏振光，最终通过偏光板 B 射出。

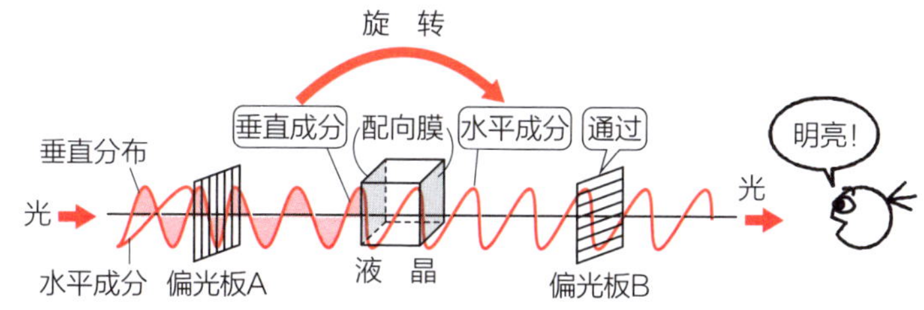

▲ 扭转 90° 的光可以通过偏光板 B

在配向膜上施加电压时，液晶分子会直立排列，不再扭转。此时，垂直偏振光直接通过液晶层，但由于偏光板 B 只允许水平偏振光通过，光线被阻挡，无法透出。

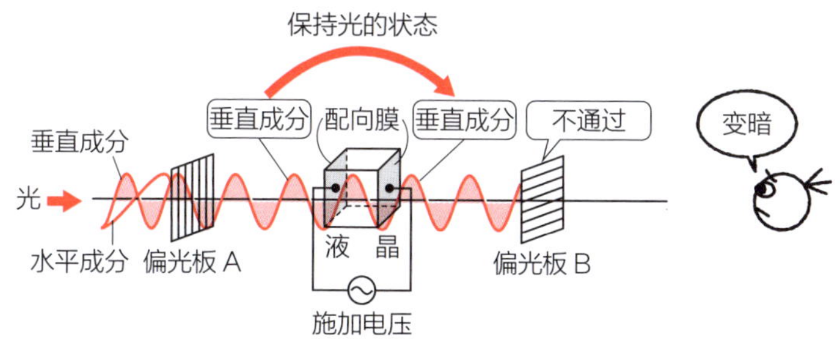

▲ 垂直成分的光无法通过偏光板 B

可见，LCD 就像一个快门，通过控制电压来调节光的通过与否。彩色 LCD 还会通过红（R）、绿（G）、蓝（B）三种颜色的滤光片来合成色彩。

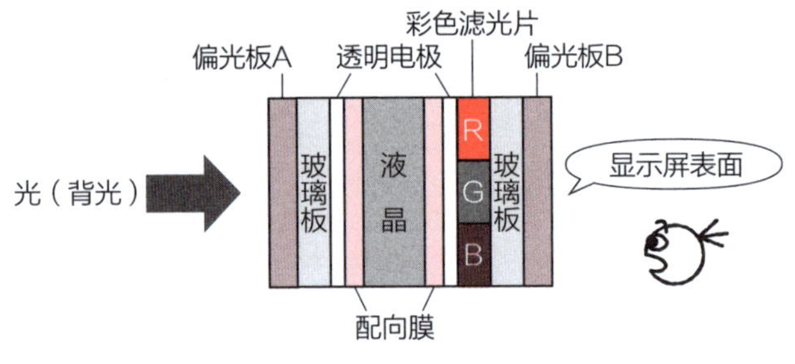

▲ 液晶显示器的结构

LCD 本身不发光，因此需要**背光**源——通常采用 LED。

有机 EL 显示器

有机 EL 显示器使用有机化合物作为发光材料。EL 代表**电致发光**（electroluminescence）。当电极间的有机发光层受到电压**激励**时，分子被激发至高能态，随后在返回基态时发光。这种光透过玻璃板形成图像。

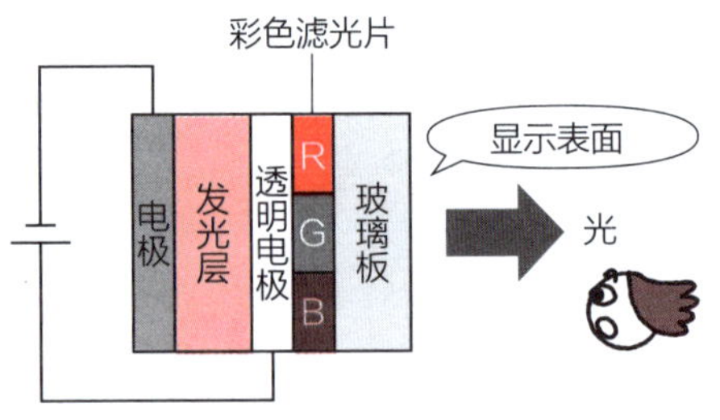

▲ 有机 EL 显示器的结构

与 LCD 不同，有机 EL 显示器具有**自发光**特性，因此不需要背光源。在彩色显示器中，通常使用与 LCD 相同的三色滤光片，发光层发出白光即可。

第64讲 了解智能手机和平板电脑触摸屏

输入与输出 ///　☑投影式　☑电容式　☑电极图案层

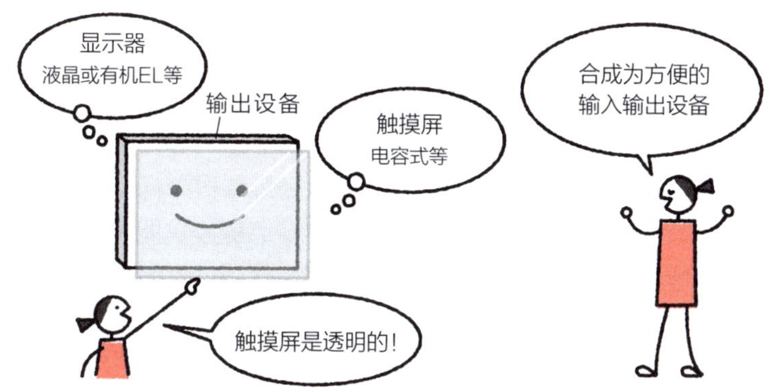

电容式触摸屏

触摸屏作为一种输入设备，与显示器结合后也能实现输出功能。现代智能手机和平板电脑普遍使用**投影型电容式触摸屏**。这种触摸屏的结构包括玻璃板、透明盖板，以及夹在两者之间的**电极图案层**。电极图案层在绝缘膜的两侧分别布置了纵向和横向的透明电极，并在外框部分设置了多个检测电极。当手指触摸屏幕时，电极图案层的**电容量**会发生变化。通过检测这些变化，可以精确定位触摸位置。关于电容的相关知识，可以参考第 16 讲。

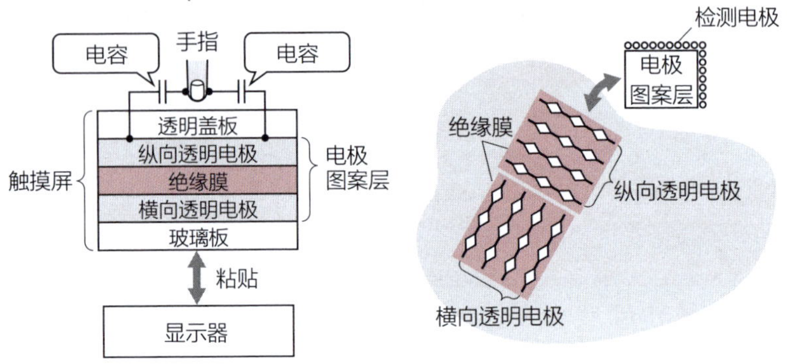

▲ 电容式触摸屏的结构

触摸屏 + 显示器

将触摸屏与显示器结合，用户可以在观看屏幕内容的同时进行输入操作。投影型电容式触摸屏支持多点触控，能够同时检测多个触摸点，实现多指缩放等手势控制。然而，这种技术依赖手指与触摸屏之间产生的电容变化，使用手套或非导电触控笔时可能无法正常工作。

除了电容式，触摸屏还有一些其他类型。例如，**超声波表面弹性波式触摸屏**，从触摸屏的边框发射超声波，通过检测反射波的变化来检测手指的位置，即使触摸屏表面受损，也能正常工作，适合用于需要坚固稳定运行的公共终端设备或游戏机。此外，还有通过检测红外线的变化来定位触摸位置的**红外线探测式触摸屏**。